致我的中国读者：

很高兴我的书能与中国读者见面，我衷心希望我分享的习惯和策略能帮助你创造你想要的生活。

The Self-

自律练习

战胜拖延达成目标的有效策略

[瑞典] 帕特里克·埃德布莱德（Patrik Edblad）◎著
李剑虹◎译

Discipline Blueprint

A Simple Guide to Beat Procrastination, Achieve Your Goals, and Get the Life You Want

中国经济出版社
CHINA ECONOMIC PUBLISHING HOUSE
·北 京·

图书在版编目（CIP）数据

自律练习：战胜拖延达成目标的有效策略 /（瑞典）帕特里克·埃德布莱德（Patrik Edblad）著；李剑虹译. -- 北京：中国经济出版社，2024.8

书名原文：The Self-Discipline Blueprint：A Simple Guide to Beat Procrastination，Achieve Your Goals，and Get the Life You Want

ISBN 978-7-5136-7786-8

Ⅰ. ①自… Ⅱ. ①帕… ②李… Ⅲ. ①成功心理－通俗读物 Ⅳ. ①B848.4-49

中国国家版本馆 CIP 数据核字（2024）第 111758 号

引进书版权合同登记号：图字 01-2024-0422

责任编辑　王　帅
责任印制　马小宾
封面设计　源画设计

出版发行　中国经济出版社
印 刷 者　三河市万龙印装有限公司
经 销 者　各地新华书店
开　　本　880mm × 1230mm　1/32
印　　张　7.5
字　　数　96 千字
版　　次　2024 年 8 月第 1 版
印　　次　2024 年 8 月第 1 次
定　　价　49.80 元
广告经营许可证　京西工商广字第 8179 号

中国经济出版社　**网址** www.economyph.com　**社址** 北京市东城区安定门外大街 58 号　**邮编** 100011
本版图书如存在印装质量问题，请与本社销售中心联系调换（联系电话：010-57512564）

PREFACE

序　言

我们的社会热衷于“一夜成名”，这是有关以看似付出最小努力而获得惊人成功的幸运儿的神话。

这样的神话之所以大行其道，是因为它制造了希望，希望幸运可以降临到任何人头上，希望你也会撞大运发大财，不必努力工作就得到你想要的一切。

不幸的是，现实往往与此大相径庭。

没有人能随随便便成功，通常需要长时间艰苦努力地工作，一路上会跌跌撞撞犯很多错误，且无论试图在哪个领域获得成功，你每天都必须在该领域辛苦工作。

这意味着你要养成一些特别的习惯，让自己从芸芸众生中脱颖而出。

这就是我为什么非常高兴能读到帕特里克·埃德布莱德的《自律练习》一书。

我喜欢这本书有以下三个原因：

首先，作者强调了足够自律以形成被称为“基础习惯”的重要性。根据我的经验，当有人愿意每天重复做同样的事情时，他在任何领域的努力都能获得成功。这可能会很无聊，但它一直是行之有效的！

正如作者在书中所言："成功几乎总是要求你忽略一些容易的事情，而去做更困难的事情。"

其次，我非常欣赏作者只推荐四个核心习惯，简化自律的过程。或许你听说过这些习惯，但你真的每天都能做到吗？

这四个习惯中的每一个都包括一系列小的行动，这些小的行动很容易被添加到繁忙的日程表中。这意味着当你开始变得更加自律时，就不会感觉力不从心。

最后，我喜欢作者"永无休止地更新迭代"的理念。作者认为，你应将所有为实现目标的努力，当作一项正在进行的工作，当经历失败时，你不必自责，而应将这些错误视为一个学习的机会。

《自律练习》是我希望自己多年前就能读到的那类书。这本书充满了可操作的建议，你现在就可以实施这些建议。我相信，通过阅读接下来的内容，你会发现一个习惯的宝库，它会帮助你成功实现任何目标。

——史蒂夫·斯科特（Steve Scott），《华尔街日报》畅销书榜单图书《习惯堆积：127 个改善健康、财富和幸福的小改变》作者

CONTENTS

目　录

CHAPTER 1　自律认知

CHAPTER 2 自律习惯

CHAPTER 3　自律策略

CHAPTER 4 关于培养自律的终极思考

CHAPTER 1

自律认知

自律的力量

早在 1940 年，保险业高管阿尔伯特·格雷（Albert Gray）就进行过一次演讲，此后大受欢迎。

格雷在其演讲中解释说，他试图找出成功人士获得成功的原因。他如此强烈地渴望破解成功之谜，于是开始了长达数十年的探索，以寻求答案。

首先，他回顾了有关动机、行为、绩效和工作满意度等主题的研究。

其次，他阅读了成千上万的书籍、杂志和人物传记。

最后，他花了20多年的时间对这一主题进行实证研究。

他最终得出的结论既简单又深刻："成功的共同点——每位成功人士的成功秘诀，在于他们养成了习惯去做失败者不喜欢做的事情。"

棉花糖测试

20世纪60年代末70年代初，心理学家沃尔特·米歇尔（Walter Mischel）进行了一系列实验。

他和研究团队用一个简单测试来检查儿童的自我控制能力。首先，他们给每位学龄前儿童提供一盘食物，比如棉花糖。

然后告知每个孩子，研究人员必须离开房间几分钟。在离开之前，他们给孩子们提供两个选项："你如果等我回来，就可以得到两份棉花糖；你如果等不及，可以按铃，我会马上回来，但你只能得到面前这一份棉花糖。”

可以想象，对于这些指示，孩子们会采取不同的方式做出反应。有些孩子在研究人员关上门时，就站起来吃了棉花糖。

有些孩子则付出了非常大的努力来抵制棉花糖的诱惑，他们扭动身体、蹦蹦跳跳、挪动椅子，但最终还是屈服于诱惑。

最后，只有少数几个孩子设法等到了研究人员拿着第二份棉花糖回来。

一盘糖果教会我们什么是成功

这个实验的目的，并不是要研究孩子们抵制棉花糖的策略——尽管你可以想象，它确实提供了一些非常棒的娱乐。

直到多年以后，当米歇尔回访那些参与过研究的孩子们时，他才得到了想要的实验结果，并且有了一个突破性的发现。

当采访这些已经十几岁的曾参与实验的孩子们时，米歇尔和研究团队发现，在棉花糖测试中等待时间较长的孩子更有可能在学校获得更好的成绩。

他们的父母也对他们在实施计划、处理压力、遇到挫折时保持自我控制，以及注意力集中而不分心等方面的表现给予了更高评价。

事实证明，米歇尔简单的棉花糖测试，在很多方面都可以预测孩子们将来的成功程度。

成功人士与众不同之处

根据阿尔伯特·格雷的说法，成功人士的与众不同之处，在于他们能够做别人不喜欢做的事情。

而这正是沃尔特·米歇尔实验参与者之间的不同之处。

那些成功抑制了吃棉花糖冲动的孩子，做了其他孩子不想做的事情，最终更加成功。

这就是成功人士与众不同之处：他们做需要做的事情，以获得他们想要的结果，无论自己是否喜欢。因为他们坚持做别人做不到的事情，所以他们会获得别人所没有的结果。

成功需要自律

无论你想要实现什么样的目标，都需要有自律的能力并采取行动，而不是心不在焉，做容易的事情。成功总是要求你忽略一些容易的事情，去做更困难的事情。而好消息是，如果你觉得自己现在不太擅长这样做，则可以通过训练让自己变得更好。

通过本书，我将教会你如何变得更加自律。我会列出培养强大自律所需要的所有基础习惯和策略。你会发现我每天使用的套路和策略完全一样，我已经使用它们帮助了数百名培训客户和数千名读者创建实现自己的目标所需的自律。

我会牵着你的手，一步步地指导你完成每一件事。而你需要做的，就是在每一章结束时，遵循并实施这些行动步骤。

美好的生活是一种有纪律的生活

尽管到目前为止，我们都在探讨成功，但本书要讲述的却是一些更为深刻的东西。

想象一下，你是那种在需要时做需要做的事情的人，无论自己是否喜欢。能做到以下几点会是什么感觉？

- 早上起床不睡懒觉。
- 坚持遵循你一直想要的晨练程序。
- 始终准时。
- 在每个工作日开始时，立即完成最困难的任务。
- 全天健康饮食。
- 按计划出现在健身房。
- 始终信守对自己和身边人的承诺。

这样会感觉很好，不是吗？这是因为你和其他人都需要自我实现，以表现出你的潜在能力，发挥出你的全部潜能。这就是为什么自律如此重要，并非因为它能带来成功——虽然这是一个非常好的附带效果，而是因为它是快乐和充实生活的先决条件——这是你将从本书中真正获益的。

其他人对《自律练习》一书的评价

在我的一生中，我从未遇到过对成功所需的细节有更多了解的人——帕特里克的《自律练习》一书中有成功所需的每一步，在数百人身上进行了测试，并为你提供了一条实现任何目标的捷径。成功的秘诀在于自律，而帕特里克在这方面比我所认识的其他任何人都教得更好。

——托尼·斯塔布尔宾（Tony Stubblebine），Coach.me 网站创始人

这是一本简明扼要、条理清晰、文笔很好的书。帕特里克·埃德布莱德不仅向你展示了培养自律所需的各种要素，还向你提供了如何发展这些要素的建议。他的建议非常实用可行，并提供了行动步骤。我同意他的观点：成功需要自律。这本书可以帮助你培养自律。

——乔安娜·贾斯特（Joanna Jast），《不是另一本该死的励志书：确定并保持动机、轻松实现目标的实用指南》作者

《自律练习》提供了关于自律的不浮夸和诚实的建议，易于实施与坚持。帕特里克·埃德布莱德成功扩展了自律的基础习惯——睡眠、饮食、运动和正念，并将其作为日常生活的一部分。他恰如其分地指出：动机太易变，不可依赖。如果你只在感觉到有强烈的愿望时才采取行动，你就不会走得太远。他以经典的、毫不夸张的风格，提出了培养自律 15 条策略的最重要步骤。每一节的主要

行动步骤都汇总在章节末尾，以便回顾和强化这些步骤所涵盖的策略。通过旨在帮助你轻松理解材料的练习，触及从成长型心态、能量管理到自我激励等所有方面。

——佐伊·麦基（Zoe Mckey），《重塑习惯：确立目标、改变习惯、改善关系、健康、财务和空闲时间》作者

自律——你希望自己能拥有更多的自律，但当你需要时，你似乎永远无法调用它。你很幸运，因为帕特里克·埃德布莱德将会告诉你如何找到你的自律。从基础习惯（是的，你确实需要有足够的睡眠）到秘诀（能量圈是你最好的新朋友），你将学习如何表现自己并把事情做好。除此之外，你还将学习如何逐步创建一个很难不把事情做好的环境。《自律练习》一书充满了妙趣横生的花絮和引人入胜的研究，是睡前阅读的好书，甚至是更

好地应对老板的日常读物，所以现在就去买吧！

——莎拉·贝丝·摩尔（Sarah Beth Moore），《搞掂它：如何放下恐惧、实现创意梦想》（保护艺术家头脑）作者

成功需要自律。美好的生活是有纪律的生活。我非常喜欢先处理好基础习惯的想法。注重基础习惯，只有这样才能提高你的整体水平。如果你在自律方面感到困难，请高度重视本书中的这部分内容。如果你忽略了基础习惯，那么运用更高级的策略就没有意义。《自律练习》一书的结构很好，包含了15种增强自律的策略。在每种策略末尾都有一个“快速小结”和“行动步骤”，这样你就不至于不知所措。把这本书当作一本教科书通读一遍，然后仔细研究一遍。选择一种策略，再选择另一种，实

施它们，你会变得更加自律。

——迈克尔·斯塔维基（Michael Stawicki），《坚持的艺术：停止放弃，忽略琐碎的事物，攀登成功之路》作者

凭借这本充满力量的书，帕特里克·埃德布莱德提供了一个完整的方案，让你在生活的各个领域中自我控制并获得成功。自律并非一种让人愉悦的训练，但帕特里克以这样一种方式将其分解，让你对解决自己逃避或延迟的项目和习惯问题真正感到兴奋。清晰、简洁、充满行动步骤，这本书将点燃你的火焰，让你成为自律的门徒！

——巴里·达文波特（Barrie Davenport），《黏性习惯：如何实现目标不放弃，从每天 5 分钟开始，创造牢不可破的习惯》作者

让我们开始吧！

如果你阅读并实施了在本书中学到的策略，我保证你会培养出强大的自律。

你会发现自己将会在需要时采取行动，无论是否愿意。你会做别人不喜欢做的事情，从而获得大多数人没有获得的结果。而且，最重要的是，你将体验到充分发挥自身潜能所带来的成就感和幸福感。

传奇心理学家亚伯拉罕·马斯洛（Abraham Maslow）曾说："如果你有意地避重就轻，去做比你尽力而为所能做到的更小的事情，那么，我提醒你，你今后的日子会很不幸。"

所以，别再等待。从现在开始，培养你的自律。

在下一节中，我们将快速了解怎样最佳地使用这本书。然后，我们将深入研究好的策略，帮助你成为一个自律的人。

准备好了吗？让我们开始吧！

怎样使用这本书

《自律练习》一书分为四章。第一章，是对自律的认知，以及人们对本书的评价，也就是你正在阅读的部分。第二章，我们将介绍自律的基础习惯。第三章，我们将探讨你可以用来展现潜能和做每天需要做的事情的最强大策略。第四章，是终极思考，告诉你不断更新迭代，不断创建“新的故事板”是关键。

当我们继续阅读后面的章节时，我鼓励你积极地参与实践这些材料，思考这些习惯和策略与你的关系，最重要的是能够学以致用。本书包含了培养你强大的自律所需的一切，但只有你将这些习惯和策略付诸实践时，一切才会发生。

所以，现在就开始实践你所学的吧，虽然这样做不像只是阅读那么舒服，但它将使你从本书中获得的价值大为不同。

从现在开始，选择将不适感视为自己成长的机会，而非障碍。想象一下，你所经历的障碍是你心理健身房的一个杠铃。每当它出现时，你要么走开，变得更加虚弱；要么举起它，变得更为强大。

让不适感成为你采取行动的导火索，一次次直面障碍。如果你这样做了，就会发现每做一次都会变得更容易一些。你会向自己表明，你的心理由自己掌控。你会对这种不适感不再那么敏感，会对不适感慢慢适应。简言之，你会培养出强大的自律。

我建议你先将本书通读一遍，这将让你很好地领会这些习惯和策略，并让你的大脑开始研究如何最佳地使用它们。

让我们开始吧！

CHAPTER 2

自律习惯

掌握基础习惯

文斯·隆巴迪（Vince Lombardi）被很多人认为是美国橄榄球历史上最棒和最成功的教练之一。在20世纪60年代，他带领的球队——绿湾包装工队，在7年内连续3次，并总共5次获得美国橄榄球联赛冠军。在此期间，他的球队还赢得了美国橄榄球联赛1966年和1967年两个赛季的超级碗。如今，隆巴迪名列职业橄榄球名人堂，而超级碗的奖杯也以他的名字命名。

这些都是非常卓越的成就。那么，是什么让这位教练成为有史以来最伟大的教练之一？

这是一个橄榄球

作家大卫·马拉尼斯（David Maraniss）在《当骄傲依然重要——文斯·隆巴迪传》一书中描述了隆巴迪1961年夏走进球队训练营时发生的事情：

> 他认为没有什么是理所当然的。他开启了一种传统：一切从零开始，假设球员们都是一张白纸，没有先前的知识背景……他从最基础的开始讲起："先生们！"他右手拿着一个皮球说道，"这是一个橄榄球"。

"这是一个橄榄球。"想象一下，作为一名职业橄榄球运动员得到这样的指导，可能会想，“这教练疯了吧”。但这种对基础知识条理清晰的关注，正是隆巴迪作为史上最伟大的橄榄球教练之一的开端。

而且他并不孤单。对基础知识的严格关注也一直是许多成功教练反复提出的一个主题。例如，篮球传奇人物约翰·伍登（John Wooden）甚至教他的球员怎样穿袜子和系鞋带。

自律的四个基础习惯

那么，基础习惯与自律有什么关系？用一个词来形容，就是“一切”。掌握以下四个人人都需要的基础习惯，以使自己感觉良好并发挥出最佳状态：

- 睡眠。
- 饮食。

- 运动。
- 正念。

如果你想过上健康而富有成效的生活，你就需要掌握这些基础习惯。掌握好这些习惯，你就能平静、专注、充满活力地度过每一天；忽视它们，你或多或少会处于一种持续的压力、混沌和疲劳的状态。

上升和下降螺旋

你的基础习惯的玄妙之处，在于它们一直是相互影响的。根据你对待它们的方式，将会产生上升或下降的螺旋。

比如，晚上充足的睡眠，能为你提供足够的能量去健身房，运动之后，为了保持身体健康，要注意膳食的均衡。这种额外能量有助于你坚持正念冥想练习，而你的正念冥想反过来又会带给你平静的感觉，这会进一步提高你下一晚的睡眠质量。

相反，晚上睡眠不佳可能意味着你很疲劳，无法去健身。你的大脑开始渴望糖类和刺激性食物，以弥补睡眠和运动的不足。于是，你决定吃快餐。结果你的血糖飙升，你没有精力再坚持冥想练习。当这一切发生后，第二天晚上的睡眠会更加糟糕。

如果你想培养出强大的自律，掌握这些习惯至关重要。如果你的袜子和鞋子穿错了，你就无法夺得篮球冠军；如果没有培养正确的基础习惯，你就无法赢得人生的游戏。

建立你最重要的“基础习惯”

在接下来的几节里，我们将介绍如何掌握睡眠、饮食、运动和正念冥想的习惯。我建议你只在其中一个方面开始努力。问问自己，这些习惯中哪个是你最重要的“基础习惯”。换句话说，哪个习惯最容易“溢出”并在你的生活中产生积极的连锁反应？

我最重要的基础习惯是睡眠。如果我睡得好，所有其他的基础习惯就更容易保持；但如果我睡得不好，我的自律就会迅速下降，而且和我在一起也不那么有趣了（问问我的女朋友就知道了）。

因此，获得足够的睡眠是我的一个重要优先事项。对于你来说，健康饮食、体育运动或正念冥想可能更为重要。如果是这样，我建议你从这里开始。因为一旦你养成了一个最重要的习惯，你就会发现其他的事情都会变得非常容易。

让我们开始吧！

习惯 1：睡眠

詹姆斯·B. 马斯博士（Dr. James B. Maas）是世界领先的睡眠研究者和教育工作者之一。在《强大睡眠》一书中，他解释说：人类历史上大多数的人曾经每晚睡大约 10 小时。但在 1879 年，托马斯·爱迪生发明了电灯。

突然之间，人类活动不再局限于白天的自然光，人们的睡眠习惯也开始改变。在接下来的一个世纪里，人们的睡眠时间逐渐减少了 20%，降至每晚 8 小时。

但并没有就此止步。研究表明，美国人现在平均每晚睡 7 小时。1/3 的人每晚睡眠时间不足 6 小时。结果，至少一半的成年人长期睡眠不足，并且这种毁灭性的趋势，正在整个工业化世界里蔓延。

马斯博士认为，睡眠并非一种奢侈品，而是一种必需品：

> 最近关于睡眠中的大脑神经活动、化学变化和电波活动等的研究表明，即使是最少的睡眠缺失，也会对情绪、认知、表现力、工作效率、沟通能力、事故率和总体健康，包括胃肠系统、心血管功能和免疫系统等产生深远的有害影响。

如果你希望自己感觉良好并发挥出最佳状态，你就需要获得足够的睡眠，除此之外别无他法。

你需要多少睡眠？

为了回答有关睡眠的问题，我们首先来看看华盛顿州立大学和宾夕法尼亚大学的研究人员进行的一项实验。实验开始时，他们召集了每晚睡眠时间平均为 7~8 小时的 48 人。这些参与者被分成 4 组：

- 第一组连续 3 天不睡觉。
- 第二组每晚睡 4 小时，持续两周。
- 第三组每晚睡 6 小时，持续两周。
- 第四组每晚睡 8 小时，持续两周。

在整个实验过程中，所有的受试者都进行了身体和心理表现测试。每晚睡 8 小时的第四组参与者，没有表现出认知能力下降、注意力衰退或运动技能下降的情况。同时，每晚分别睡 4 小时和 6 小时的第二组和第三组，随着时间的推移，表现越来越差。其中，第二组，每晚睡 4 小时，表现最差。当研究结束时，有两个值得注意的发现：

● 睡眠负债是累积性的。一周后，每晚睡 6 小时的第三组参与者中的 25%，会在白天打瞌睡。两周后，他们表现出的状态下滑与连续两天不睡觉的人状况相同。这一点值得重复：如果你连续两周每晚只睡 6 小时，你的心理和身体表现就像你连续 48 小时不睡觉一样糟糕。

● 身体性能的下降并未被留意到。当受试者给自己打分时，他们认为自己的表现在前几天有所下降，随后下降逐渐减少。但实际上，他们的表现每天都在恶化。此处的结论是：我们对自己身体性能表现的判断并不准确。因此，即便你自认为睡眠充足，可以达到最佳状态，你也很有可能睡得不够。

你有足够的睡眠吗?

詹姆斯·B. 马斯认为，大多数成年人每晚需要 7.5~9 小时的睡眠。如果你认为这听起来很极端，那么我同意你的观点，但这是因为我们生活在一个疯狂的社会里。而且，仅仅因为大多数人没有得到足够的休息以维持健康和良好表现，也并不意味着你必须这样做。正如克里希那穆提（Krishnamurti）在《思考这些事》一书中所说："在一个无可救药的社会，适应良好并不是衡量健康的标准。"

为了确保你有足够的睡眠，请回答以下问题：

- 你在一周内每晚有多少睡眠?
- 你的头一碰到枕头就能睡着吗?
- 你需要闹钟来唤醒自己吗?

如果你每晚睡眠不足 8 小时，如果你倾向倒头就睡，或者你需要闹钟来唤醒自己，你就可以认为自己睡眠不足。睡眠不足的其他迹象包括：起床困难，一周内都感到疲倦、烦躁和有压力，注意力涣散或记忆力衰退，在看电视时打瞌睡。

当你一整天都感觉精力充沛、清醒与警觉，并在中午时分警觉性未明显下降时，你就知道自己获得了足够的睡眠。让我们来看看如何实现这一目标。

1．把卧室变成睡眠的天堂

确保卧室环境适合睡眠。睡眠研究人员建议你调整卧室，使其保持以下环境：

● 昏暗。无论是阳光还是灯光，光线都会告诉大脑，它需要保持清醒，并抑制睡眠激素的释放。因此，尽可能地让卧室变暗，或者戴一个舒服的睡眠眼罩。

● 凉爽。大多数人在凉爽的房间里睡眠最好。通常理想的温度范围是 18℃ ~21℃。可能的话，用恒温器调节相应的室内温度。

● 安静。一个安静的环境对良好的睡眠至关重要。如果平和安静难以获得，可以通过用风扇制造“白噪声”来控制卧室的声音，或者戴一副好的耳塞。

2. 调整日常习惯

接下来，让我们看看如何通过改变日常习惯来改善睡眠：

● 过午不喝含咖啡因的饮料。咖啡因的半衰期为5~8小时，这意味着你如果上午10点喝了一杯含有200毫克咖啡因的咖啡，那么直到下午2点，其中的100毫克咖啡因仍在体内。因此，如果你要饮用含咖啡因的饮料，应尽早，最好不要晚于中午；如果你想晚点再喝咖啡，请选择无咖啡因的咖啡。

● 睡前3小时不做剧烈运动。体育运动对改善睡眠很有帮助，但如果在距离就寝时间太近时运动，就会不利于睡眠，因为运动会使你在睡眠时应下降的基础体温升高。所以，确保自己不要太晚运动。

● 睡前 3 小时不进食。身体必须努力工作来消化食物。当身体应该关闭其他功能，以便通过高质量的睡眠来复原和修复时，不要让身体承担消化工作。

● 不吸烟。吸烟与一系列健康问题有关，睡眠不好是其中之一。怎样戒烟超出本书的探讨范围，但艾伦·卡尔（Allen Carr）的《轻松戒烟法》一书，是这方面的一个好资源。

3. 最优化你的睡眠

最后，以下方法可以最优化你每晚的睡眠：

● 建立“个人睡眠指数”。这基于你一晚上需要多少睡眠时间，请记住，你需要的睡眠时间为 7.5~9 小时。

詹姆斯·B. 马斯建议你在能带给自己 8 小时睡眠时间的某一特定时刻上床睡觉。如果你在没有闹钟唤醒的情况下醒来，感觉神清气爽，那么再多给自己 15 分钟，直到你能自然醒来。

● 坚持固定的睡眠模式。一旦确定了你的睡眠指数，就要坚持下去。每晚在同一时刻上床睡觉，每天早晨在同一时刻起床，包括周末。当然，你不一定要做得完美，但要相当接近。规律性对设定和稳定你体内的睡眠—觉醒生物钟非常重要。

● 养成“睡前”习惯。要想整晚都睡得安稳，你需要让身体为未来较长时间的休眠状态做好准备。利用睡前最后 1 小时来寻找平和宁静，关掉所有的屏幕（如电视、电脑和手机），做一些放松的事情，如冥想、洗热水澡、听舒缓的音乐、轻度拉伸或阅读。

快速小结

- 如果你想要感觉良好并发挥出最佳状态，你需要获得足够的睡眠。
- 睡眠债务是累积性的。如果你连续两周每晚只睡 6 小时，你的心理和身体表现就和你连续 48 小时不睡觉一样糟糕。
- 身体性能的下降并未被留意到。即使你认为自己睡眠充足，也很有可能睡得不够。
- 如果你每晚睡眠不足 8 小时，如果你倾向倒头就睡，或者如果你需要闹钟唤醒，就可以认为自己睡眠不足。
- 大多数成年人每晚需要 7.5~9 小时的睡眠。

行动步骤

把卧室变成睡眠的天堂：

√ 使其变暗。

√ 使其凉爽。

√ 使其变得安静。

调整日常习惯：

√ 过午不喝咖啡。

√ 睡前 3 小时不做剧烈运动。

√ 睡前 3 小时不进食。

√ 不吸烟。

最优化睡眠：

√ 建立“个人睡眠指数”。

√ 坚持固定的睡眠模式。

√ 养成“睡前”习惯。

习惯 2：饮食

如果你能去商场买一些帮助培养自律的东西，岂不是很好？是的，某种程度上，你的确可以这么做。每次去杂货店时，你都有机会选择能够促进健康、幸福和让自己表现出色的食物。

健康的食物能够帮助你在一天中保持警觉、精力充沛和高效，而不健康的食物则会产生相反的效果。

这就是为什么适当的饮食是你保持自律水平的一个关键因素。它为你的身体提供了保持健康并朝着目标不断迈进所需的基石和燃料。

那么，你怎样决定要吃什么食物？

健康饮食的简单定义

有太多的饮食方法，很容易让你在开始之前就被淹没和卡住。地中海饮食、阿特金斯饮食、全面食物饮食、全面 30 饮食、帕里欧饮食、纯素食饮食、生食饮食和低碳水—高脂肪饮食等，这些只是冰山一角。

有太多的选择，你怎么知道从哪里开始呢？根据我的经验，最好的方法是尽可能地保持简单。如果符合以下标准，则这种饮食是健康的：

- 它能为你的身体提供所需的营养物质。
- 它不会给你的身体带来太多热量。

● 它不含大量热量或不健康的东西，如反式脂肪和有害的化学物质。

因此，要记住一个有用的定义：吃“营养成分与热量比例适当，没有太多有害成分”的食物。

健康饮食清单

你每天只有几次机会为自己的身体提供充足的燃料和强大的基础。因此，不要浪费机会。努力抓住每一次机会，给你的身体提供其所需。禅宗习惯的莱奥·巴波塔（Leo Babauta）建议食用以下令人惊奇的健康食物：

● 绿叶蔬菜。这些营养丰富的蔬菜含有大量的维生素、矿物质和纤维，且不含大量热量或不健康的东西，如西蓝花、甘蓝、菠菜、大白菜、芥菜和莴苣等。

● 各种色彩缤纷的蔬菜、水果。这些果蔬为你提供在其他地方得不到的营养物质，比如维生素 A、维生素 C 和钾。蔬菜包括胡萝卜、南瓜和西红柿等。水果包括香蕉、橙子和杧果等。

● 洋葱和大蒜。这是市面上很好、很便宜的两种蔬菜。它们可以预防炎症、由细菌和病毒引起的感染（如感冒和流感）、心血管疾病和癌症。

● 豆类。黑豆、红豆、芸豆、扁豆和豌豆等都是矿物质、纤维和蛋白质的绝佳来源。

● 坚果和种子。核桃、杏仁、腰果、南瓜子和奇亚籽等含有大量的蛋白质和健康脂肪。

● 蛋白质。食肉者可以从鱼类和家禽中获得蛋白质。应适量食用红肉（如香肠、培根、咸牛肉、牛排和汉堡），因为它们会增加患癌症的风险；食素者和纯素食者可以从蔬菜、全谷物、豆腐、豆豉、面筋，以及杏仁、腰果、大豆等非乳制品中获得蛋白质。

● 脂肪。不饱和脂肪特别健康，可以降低患癌症和心血管疾病的风险，如鳄梨、核桃、葵花籽、橄榄油、鱼类和大豆等。

● 饮料。净水是最好的，黑咖啡、茶和绿色果汁也很棒。应尽量避免喝含糖饮料，不过量饮酒。

采取循序渐进的方法

试图在一夜之间彻底改变饮食习惯可能很诱人，但假如你尝试过，就会知道这有多么困难。对着菜谱学习各类新做法，很快你就发现做起来很费劲。当你不确定外出时该吃什么，那么选择最佳社交场合就会成问题。很快，你就开始不知所措，并开始怀念从前的饮食习惯。不知不觉，你又回到了原点。

为避免出现这样的情况，我强烈建议你采取循序渐进的方法。与其在饮食中制造一个大的、突然的变化，不如每周只做一个小的改变。这会帮助你更顺利地过渡到新的饮食习惯。你不会那么不知所措，也会有更多乐趣。以下是一些渐进式改变的例子：

- 早餐时吃一片水果。
- 喝咖啡时不加糖。
- 每天午餐时加一种蔬菜。
- 换一种健康甜点，比如一小块黑巧克力或一些浇上枫糖浆的核桃。
- 下午把吃水果当零食。
- 每天晚餐时加一种蔬菜。
- 晚上 8 点以后不进食。
- 晚上少喝一杯酒。
- 学习一个新的健康食谱。
- 在周日吃跟平日一样的午餐。

你会懂得的。每周坚持做这样小的改变，你将惊奇地发现，自己很快就过渡到了健康的饮食习惯。

促使自己养成健康的饮食习惯

改变饮食习惯的另一个有力策略，是改变你的环境。康奈尔大学教授布莱恩·万辛克（Brian Wansink）在《无意识饮食》一书中建议采取以下策略：

● 使用小盘子。大盘子意味着大份食物，这意味着你会吃更多。如果你开始用 10 英寸的盘子替代 12 英寸的盘子盛放晚餐，一年下来，你就会少吃 22% 的食物。因此，如果你想吃少一点，那么使用小盘子是一个非常好的措施。

● 使用细长杯子。我们的大脑倾向于认为，高的饮料杯比圆的、宽的杯子大，但其实我们用高点的杯子喝的饮料更少。事实上，当你使用一个细长杯子时，会比使用一个短而粗的杯子少喝约20%的酒。

● 把健康零食放在显眼的地方。例如，你可以在家门口附近摆放一盘坚果或水果，这会让你在出门时更有可能吃到健康零食。

● 把不健康的食物藏起来，让健康的食物显露出来。把不健康的食物用锡纸包起来，放在冰箱里其他东西的后面。用保鲜膜包裹健康的食物，并将其置于货架前面。这会促使你做出更健康的选择。

通过主动对环境做出上述改变，可以促使自己养成更健康的饮食习惯。这样你就有可能在不知不觉中改善了自己的饮食习惯。

快速小结

● 每次去杂货店时，你都有机会选择促进健康、幸福和让自己表现出色的食物。

● 要记住一个有用的定义：吃“营养成分与热量比例适当、没有太多有害成分”的食物。

● 抓住每一次机会，为身体提供有营养的食物。

● 与其在饮食习惯中制造一个大的、突然的变化，不如每周只做一个小的改变。

● 通过改变环境促使自己养成健康的饮食习惯。

行动步骤

选择健康食物：

√ 将你的饮食习惯建立在“营养成分与热量比例适当、没有太多有害成分”的食物上。

采取循序渐进的方法：

√ 每周只在饮食上做一个小的改变。

促使自己养成健康的饮食习惯：

√ 塑造你的环境，使其有利于你想要养成的饮食习惯。

习惯 3：运动

自人类诞生以来，人们就一直在狩猎和采集、围着火堆跳舞、走路、跑步、跳跃、攀爬、爬行、举重、游泳、战斗，以及做爱。所有这些运动的要求，都塑造了人们从头到脚的形象。

生物力学家凯蒂·鲍曼（Katy Bowman）在《运动你的 DNA》一书中解释道：你的身体有超过一万亿个细胞。几乎每个细胞都有独特的设备，专门检测你的运动。正如饮食、压力和环境因素会改变你的 DNA 表达或身体状态一样，体育运动也可以。

这就是为什么运动是我们的基础习惯之一。我们的身体所做的每一件事，都需要配合运动才能使其达到最佳的状态。免疫、繁殖和消化等功能，都需要身体运动。如果没有身体运动，即使我们睡眠充足、饮食健康，也没有多大意义。如果没有身体运动产生的工作，这些努力都将在细胞层面上受阻，无法实现最佳的功能。

运动与锻炼

运动和锻炼是有区别的。走路去商店、走楼梯、伸展背部是运动的例子。举重、越野跑、游泳是锻炼的例子。运动和锻炼可能以类似方式使用你的身体，但要给你的身体提供所需的东西，了解两者的区别仍很重要。你可以这样想：运动包括并超越了锻炼（见图 2–1）。

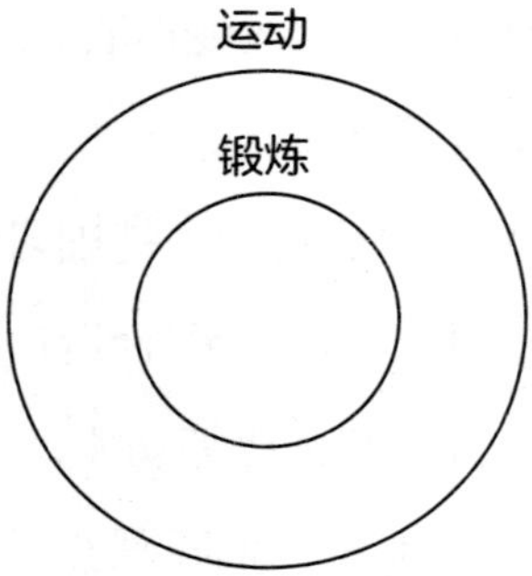

图 2-1　运动与锻炼关系图

我们需要理解经常活动与久坐不动两种状态对身体的不同影响。即使你每周都尽职尽责地出现在健身房，但如果你在一天剩下的时间里都坐着不动，你的身体仍会受到影响。研究表明，无论是否锻炼，长时间久坐的人过早死亡的风险都更高。

锻炼很重要，但我们平时还需要多运动。需要做多少呢？好吧，事情是这样的：现在，如果每周能锻炼 5 小时，大多数人都会感到很自豪。但这与我们祖先的狩猎、采集活动相比，还差得远。我们祖先每天最多可运动8小时，即使在他们休息时，也是一种积极的休息，他们总是“踮着脚尖”随时准备行动。

现在，好消息是你不必卖掉你的家具、电器等去某个洞穴里整天运动。只要日常生活的一些微小变化，就会对你的健康和活力产生很大的影响。而这并非全部。

运动的好处

如今，众所周知，体育运动不仅可以帮助我们减肥、提高免疫力和增强能量，还有很多其他的好处。精神病学专家约翰·拉蒂（John Ratey）在《火花》一书中解释道：

> 体育运动引发了生理性变化，促使脑细胞相互结合。为了让大脑学习，必须建立这些联系，

> 它们反映了大脑适应挑战的基本能力。神经科学家对这一过程的发现越多，就越清楚运动提供了一个无与伦比的刺激，创造了一个大脑准备好、愿意和能够学习的环境。

这是因为运动刺激了积极的神经递质的释放，如多巴胺（促进动机、注意力和愉悦）、血清素（增强学习、情绪和自尊）和去甲肾上腺素（导致觉醒和警觉）。而最重要的是，运动会促进脑源性神经营养因子（BDNF）的产生，这是一种被拉蒂称为“大脑奇迹”的蛋白质：

> 研究人员发现，如果他们将脑源性神经营养因子撒在培养皿中的神经元上，细胞会自动萌发新的分支，产生学习所需的相同结构性增长。

因此，运动对大脑的运作和身体的其他部分一样重要。总之，运动对我们的健康至关重要。出于本书的特殊目的，你可能还想知道，运动可以成为一个巨大的自律助推器。研究发现，两个月的锻炼足以显著提高抵抗诱惑和在有挑战性的情况下坚持的能力。

这些都是非常有吸引力的福利，你不这么认为吗？那么，怎样将运动和锻炼转化为你日常生活的一部分呢？

寻找你的运动机会

乍一看，腾出时间进行常规运动似乎很困难。但事实并非如此。激励科学家米歇尔·西格（Michelle Segar）在《不出汗》一书中写道：寻找到她所说的“你的运动机会”会很有趣——当你开始寻找它们时，你会惊奇地发现，一天中你会多么经常性地意识到你有非常适合运动的空闲时间。

找到你的“运动机会”的一个方便框架，是将其划分为哲学家布莱恩·约翰逊（Brian Johnson）所说的微小运动、中等运动和大的运动：

- 微小运动是指从静态到动态的简单转变。例如，每次打开电子邮件时伸展身体，日常走楼梯而不是乘电梯，每隔 15 分钟换一次坐姿。
- 中等运动是指幅度稍大的动态动作。例如，每天早晨做一个拜日式动作，一天中的每次休息时间做五个俯卧撑，每天步行五千步。
- 大的运动是指典型的锻炼方式。例如，跑步、跳舞、举重，以及打太极或练瑜伽。

通过规律性地进行所有这些运动，你可以优化自己的日常体育运动，并限制每天久坐的时间。建议你先从选择一个微小运动、一个中等运动和一个大的运动开始。例如：

- 伸展背部（微小运动）。
- 拜日式（中等运动）。
- 跑步（大的运动）。

然后采用以下策略，使得上述每种运动成为你日常生活的一部分。

1. **创建触发器**

在你的运动成为习惯前，你需要一些提示来提醒自己去做这些运动。做到这一点的最好方法，是为所有的运动设定“如果—就”的计划。例如：

- 微小运动：如果我打开电子邮件，就伸展一下背部。
- 中等运动：如果我早晨起床，就做一个拜日式动作。

- 大的运动：如果我在周一、周三或周五离开办公室，就去跑步。

2. 设计环境

设计你的周围环境，使其能促使你不假思索地去运动。例如，你可以：

- 找一个离办公室较远的停车位。
- 将废纸篓放在房间另一端。
- 找一张站立式的办公桌。
- 将手机放在一个你必须站起来接听的地方。
- “边走边聊”，而不是所有人都坐下来开会。

3. 让运动成为一种游戏

每当你完成一个微小运动、中等运动和大的运动时，你都将它记在日历上。当一天结束时，统计一下你的运动，看看今天与前几天相比怎么样。不断增加新的运动，超越自己，每周多做一点运动。

快速小结

● 你的身体里有超过一万亿个细胞，而几乎每个细胞都有专门检测运动的独特设备。

● 你的身体是为运动设计的。如果做不到这一点，它就不能发挥出最佳功能。

● 你可以运动，也可以久坐不动。即使每周你都尽职地出现在健身房，但如果其余的时间里你都坐着不动，你的身体也会受到不良影响。

● 你需要运动和锻炼。运动包括从办公桌前站起来、伸展身体及步行去商店。锻炼包括跑步、练瑜伽或力量训练。

● 体育运动不仅能使你更健康，而且能提高你的大脑功能和自律能力。

行动步骤

寻找你的运动机会：

√ 建立你的微小运动、中等运动和大的运动。

创建触发器：

√ 使用“如果—就”计划来提醒你做运动。

设计环境：

√ 塑造你的周围环境，使其能促使你不假思索地去运动。

让运动成为一种游戏：

√ 追踪记录你的运动，不断超越自己，并尝试每周多做一点运动。

习惯 4：正念

现在我们来做一个小实验。完成这一段后，闭目 30 秒，在 30 秒时间里，尽量不去想任何事情。准备好了吗？开始！

我猜这并不容易。最有可能的是，各种随机的想法会突然出现在你的脑海中。你也许想到了明天要交的作业，或者最近看的一部电影，或者是你和朋友的争吵。

如果你尝试过冥想，你对刚才的经历就已经非常熟悉了。闭上眼睛，试图让自己的大脑平静下来，哪怕只有几秒钟，但想法还是不断涌现。

禅宗师经常谈到你刚才看到的这种“心灵颤动”，而这种心中不断涌现的想法，从未停止过。

通过练习正念冥想等技巧，你可以学会让思绪平静下来。这当然很有用，但它还有另一个显著的好处，就是能够区分“两种心智”。让我来说明一下。

思维心智和观察心智

当你闭上眼睛，试图什么都不去想，但脑海里的想法还是不断涌现时，说明你的心智在思考。

但你有没有问过自己：“如果我的心智在思考，那么谁在观察我的心智的思考呢？”

这很奇怪，不是吗？

当你在做本节开头的练习时，你的思想不断地回到自己的工作任务上，是谁在观察你的思想在为工作忧心呢？

是你的心智在观察你的心智。

在禅宗里，这被称为“两种心智”——思维心智和观察心智。

这种说法在佛教里已经存在了几个世纪，而接受与承诺等现代疗法在意识到其对解决日常的情绪问题很有帮助后，也开始被运用。

一只好斗的白熊

思维心智的问题，在于你无法完全控制它。为了证明这一点，让我们再做一个快速实验。再一次，完成这一段后，闭目 30 秒。

这一次，你可以想除了一只白熊外任何你想要的东西。准备好了吗？开始！

现在，你的脑海里不仅出现了一只白熊，你还在观察自己对白熊的思维。你的观察心智在观察你的思维心智产生的有关白熊的思考和图像。你虽然不想这样做，但这并不重要。事实上，你越是试图压制对白熊的思考，就越有可能想到它。

这就是思维的本质，它几乎总是活跃的。当你排队等候时，当你试图解决工作中的难题时，当你回想与别人的谈话时，又或者当你试图入睡时，思维都一刻不停。

如果你的思维心智开始纠结于工作中的任务，而你的观察心智无法阻止，同样也无法阻止你的情绪。这就是我们很多痛苦的来源，痛苦不是来自负面情绪本身，而是来自我们会无助地陷入其中的倾向。

不要试图改变，只是观察

本节的主要内容：我们大多数负面的心理和情感经历，都是因为无法区分自己的思维心智和观察心智。

大多数人都想摆脱消极的想法和感受，都不想感受到压力、孤独、愤怒、嫉妒和焦虑。这有其道理。然而问题是，你无法控制自己的思想和情绪。为什么呢？因为它们属于你的思维心智。思想和情感在你的一生中都会不断涌现，只要你活着，它们就一直存在。

然而，你能做的就是改变自己与这些想法和感受的联系方式。当它们出现时，你可以学会不被它们吸引。做到这一点的方法是通过观察心智来集中注意力，而不陷入思维心智的陷阱里。

正念的力量

乔恩·卡巴金（Jon Kabat-Zinn）是一位科学家和冥想教练，他以将正念引入西方主流医学和社会而知名。在《全面灾难生活》一书中，他将正念定义为“以一种特定方式去关注：有目的、在当下、非评判性”。

正念是非常有帮助的，因为它提高了你的元认知——思考自己思维的能力。而你越能做到这一点，就越能保持自己的观察心智，而不被自己思维心智的想法和感受所吸引。

练习正念意味着你要关注自己的身心正在发生的事情，而不去判断或陷入其中。随着不断练习，这种与你的想法和感受相关的方式将开始溢出到生活的其他部分。随着时间的推移，你会发展出更有力量的方式来处理内心正在发生的事情。

正念改变心智

现在，即便你认为这种观察心智和思维心智的概念听起来有些做作，正念的益处仍旧植根于现代科学中。

大脑成像研究表明，为期八周的正念减压课程足以缩小大脑中被称为“杏仁核”的部分——大脑中与恐惧和情绪相关的一个原始区域，参与身体的压力反应；同时，与意识、注意力和决策等高级大脑功能相关的前额叶皮层会增厚。

与体育锻炼引起肌肉变化的方式类似，正念训练也会引起大脑的变化。这些变化带来了巨大的益处，包括减少压力、改善睡眠、建立更快乐的人际关系、减少焦虑，以及使注意力更集中。

而这些只是几个例子而已。近期对正念的研究激增。

在撰写本书时，已经有两千多篇关于这一主题的论文发表。随着如此多令人惊讶的益处被发现，许多健康专家认为，正念将成为下一场公共卫生革命，这并不奇怪。

正念与自律

现在，除了优化你的健康和幸福外，我发现正念也是一个巨大的自律助推器。

我曾经非常认真地对待自己的想法和感受，每当出现一个，我就会立即认同并适应它。

因此，如果有一个想法告诉我，自己的写作很糟糕，我就会把草稿扔进纸篓里，然后做别的事情。如果我感到不安或无聊，就会立即找些事情来做。

我知道自己的想法和感受并不是“真相”，它们只是我思维的结果。这样的理解，加上持续的正念练习，使我有可能选择更好的反应。

我不再被自己的感受和想法吸引，而是通过自己的观察心智来观察它们。我让自己的思维陷阱展现出来，倾听自我批判的声音，感受自我怀疑。我无论如何都要做这项工作。我做得越多,思维心智对我的控制力就越小。无论出现何种想法或感受，我都能够采取行动。

这就是我保持自律的方式，就是我做自己不想做的事情的方式。希望我已经说服你也来练习正念。如果是这样，你需要做的第一件事，就是建立一个有规律的冥想练习。让我们来看看下一步要怎么做。

如何冥想

冥想的方法有很多。但我们关心的不是找到完美的冥想形式，而是养成每天冥想的习惯。要做到这一点，我们的练习需要尽可能简单：

● 从小处着手。如果你过去不怎么冥想，或者你在坚持练习方面有困难，就要把它变得简单得离谱。承诺每天只做 1 分钟。首先培养这种行为。当练习成为一种习惯时，你就可以开始增加时间了。

● 选择一个触发点。为你的冥想练习制订一个“如果—就”的计划。例如，如果我吃了早餐，就冥想 1 分钟。

● 找一个安静的地方。确保你在一个可以不受干扰的地方进行冥想，有几分钟的宁静。清晨或傍晚通常是好时机。

● 舒适地坐着。你可以坐在地板上、枕头上、椅子上或沙发上。只要你觉得舒服，就可以开始了。

● 冥想。用柔和的目光看着你面前的地面，或闭上眼睛。当你吸气和呼气时，意念跟随你的呼吸一路从鼻孔到腹部和背部。坐着的时候背部要挺直，但不要紧张。

如有帮助，可以数数：1（吸气），2（呼气），3（吸气），4（呼气）……数到 10 重新开始。

就这样！如果你有很多干扰性的想法就把自己的注意力从呼吸上转移，要知道这是完全正常的。记住，这种练习不是要清空你的头脑，而是要改变你与自身思维的关系。

因此，每次你走神时，需要做的就是，温和而不带偏见地把注意力拉回到呼吸上。如果你必须把它拉回来 100 次，这也是你要做的。每次你把注意力拉回到呼吸上时，基本上就是在自己的心理健身房里重复一次运动。

现在，虽然冥想是正念学习的好方法，但它只是你练习中的一小部分。理想情况下，你会想把当下的意识带进自己所做的每一件事情中。

日常正念

你可以在做每一件事情时都练习正念。但在刚开始时，有意识地选择你每天习惯做的事情去练习会很有帮助。例如，你可以选择在做以下的日常事务时练习正念：

- 醒来。当你的身体苏醒时，连接你的呼吸。起床前，注意房间内外的景象和声音。
- 刷牙。试着全神贯注于刷牙的动作。感受牙刷在每颗牙齿上、从口腔的一侧到另一侧的划动。
- 吃早餐。去除所有干扰，如手机、电视和报纸；相反，全神贯注于每一口食物。
- 洗碗。全神贯注于你的洗涤，感受温水在手上的感觉，看着泡沫的形成。
- 走路。慢慢行走，同时注意你的呼吸和周围环境，注意声音、光线和物体的质地。

你现在可能会有所怀疑，我强烈建议你采取循序渐进的方法，先从一个习惯开始，然后在做的过程中逐渐增加其他习惯进去。

快速小结

- 禅宗师认为，你有“两种心智”：思维心智和观察心智。
- 你无法控制自己的思维心智，你只能控制自己的观察心智。
- 我们大多数负面的心理和情感经历，都是因为无法区分自己的思维心智和观察心智。
- 乔恩·卡巴金认为，正念是“以一种特定方式去关注：有目的、在当下、非评判性”。
- 通过运用正念，你可以保持自己的观察心智，而不是陷入思维心智。这让你能时刻保持自律。

行动步骤

建立一个冥想练习：

√ 从小处着手。

√ 选择一个触发点。

√ 找一个安静的地方。

√ 舒适地坐着。

√ 冥想。

选择一个日常正念的习惯：

√ 在充分的、当下的意识下养成一个日常习惯。

逐渐扩大你的努力：

√ 一旦你的冥想练习成为习惯，就逐渐增加自己花在冥想上的时间。

√ 一旦你坚持每天的正念习惯，就逐渐增加正念的数量。

CHAPTER 3

自律策略

露面并开始工作

画家查克·克洛斯（Chuck Close）声称，他一生中从未遇到过“失去画家灵感的障碍”。在接受《走进画家工作室》栏目的采访时，他说：

> “灵感是为业余爱好者准备的——我们其他人只是露面并开始工作，有一种信念，相信事情会在进行的过程中发展，你会在工作中撞见其他的可能性，打开其他的门，而如果你只是坐等一

个伟大的‘艺术创意’，你永远都等不到。这种信念还相信，对某种意义而言，过程就是一种解放，你不必每天重新发明灵感之轮。你知道你今天要做什么，你可以做昨天做的事，明天继续做今天做的事，至少一段时间内，你只是埋头工作。坚持下去，你定会有所收获。”

忘记动机

多年来，很多读者向我询问如何获得更多有关动力的建议，这个问题非常有意义。无论你想要实现什么目标，当你有良好的动机推动自己努力时，事情就会容易得多。

这正是动机的含义，它是一种感觉，而感觉是会波动的。没有人会一直有动机。因此，当依靠感觉采取行动时，你基本上将自己最想要的结果交给了随机性。这不是一个良好的计划。

那么，你应该怎么做呢？

只要露面并开始工作

“只要露面并开始工作”的座右铭，是生活中所有领域的一个伟大信条。无论你想要完成什么事情，你都不会通过“得到动机”来实现，而是通过每天露面并投入工作来实现。

我从自己的经历中懂得了这一点，因为当我依靠动机和灵感写作时，我很少发表文章。但自从无论发生什么，我都承诺每天抽出一定的时间写作以来，我已经发表了数百篇文章、出版了两本书。当我坐下来写作时，我很少感到有灵感或动机，但这并不重要，因为我已经训练自己无论如何都要做这件事。

无论你想要成就什么，你都可以训练自己去实现。你要做的就是建立一个系统，让露面并开始工作成为自己的第二天性。

创建自律系统

现在我们已经了解了基础习惯——睡眠、饮食、运动和正念，是时候开始发展自律系统了。

你的自律系统将确保你每天露面并开始工作，无论你是否愿意。

在接下来的章节，我们将介绍 15 种极其强大的自律策略。我建议你从自己认为会带来最大直接好处的策略开始实施。

请记住，这不是你必须做的另一件苦差事，而是你可以和自己玩的一个令人兴奋的游戏。所以，玩得开心！做一些小实验，调整策略，直到它们对你有效。当这些策略稳固以后，再回头尝试一些新的策略，以此类推。你可以在本书中找到所有的策略。

灵感是为业余爱好者准备的，所以让我们露面并开始工作吧！

策略 1：培养成长型心态

有些鸟类和动物会把食物藏起来，然后挖出来，这意味着它们必须记住自己藏食物的地方。

研究人员在研究这些动物的大脑时，发现一些有趣的事情。大脑中被称为海马体的部分，在记忆和空间定位方面起着重要作用，与不藏匿食物的动物相比，这些动物的海马体要大得多。

这一发现让神经科学家埃莉诺·马奎尔（Eleanor

Maguire）产生了研究伦敦出租车司机的想法。为了获得出租车执照，这些司机花 3~4 年的时间培训，骑着轻便摩托车在城市里穿行，记住了查林十字火车站方圆 10 公里以内的 25000 条街道组成的迷宫，以及成千上万的旅游景点和热闹地段。

马奎尔的假设是，与藏匿食物的动物相似，伦敦出租车司机的海马体比一般人要大。

不断发展变化的大脑

为了验证她的假设是否正确，马奎尔和同事分析了一组出租车司机，并将他们与另一组不开出租车的人进行比较。

他们用结构性核磁共振成像对参与者的大脑进行扫描显示，出租车司机的大脑确实与其他参与实验者的大脑有很大的不同。就像藏匿食物的动物一样，出租车司机的海马体较大。而大脑中该区域的体积与当出租车司机的时间相关。驾驶出租车的时间越长，海马体就越大。

类似这样的发现很重要，因为直到 20 世纪 60 年代，研究人员还认为大脑的变化只可能发生在婴儿期和儿童期。人们相信到了成年早期，大脑的物理结构永不再变化。

正是埃莉诺·马奎尔这一现代研究证明了以上想法是错误的。大脑是“可塑的”，这意味着它一直在创造新的神经通路并改变现有的神经通路。只要你还活着，你的大脑就在发展。

固定型与成长型心态

现在，即使研究人员知道大脑永不会停止发展，但人们仍普遍认为某些品质是“一成不变的”。如果你有这样的信念，你的表现就会比没有这样信念的人差很多。

心理学家卡罗尔·德威克（Carol Dweck）在《同名》一书中称这种想法为心态。这是一个简单又强大的概念。有两种类型的心态：

- 固定型心态。认为自己的基本素质（如智力或天赋）是固定不变的特质。
- 成长型心态。相信自己的基本素质可以通过奉献和努力工作得到发展。

拥有固定型心态的问题是，它会让你觉得你必须一次又一次地证明自己。毕竟，如果你只拥有一定的智力或天赋，那么你想表现出自己拥有很多智力或天赋是有道理的。

这种看起来很聪明的愿望会让你逃避挑战，轻易放弃，忽视有用的负面反馈，并认为他人的成功是对自己的威胁。由于你的基本素质是固定的，你会认为努力是没有结果的，于是你可能很早就停滞不前，获得的成就比你全部的潜力要少。

而成长型心态则消除了一直证明自己的必要性。当你相信自己可以克服不足时，就没必要隐藏它们，这是浪费时间；相反，你会有一种学习和成长的愿望，使你接受挑战，在挫折面前坚持、从批评中学习、从他人的成功中吸取经验。由于你的基本素质是可以发展的，你会把努力看作通向掌控局面的道路，于是你会不断采取行动来实现自己的目标。

这一切都存在于你的头脑之中

培养成长型心态是本书的第一个策略，因为它是所有其他策略的前提条件。如果你不相信自己能通过奉献和努力工作而成长，那么学习再多的策略都无济于事，因为你不会将它们用于实践。

这就是为什么培养成长型心态对你的成功至关重要，也是为什么我要求你思考以下几点：

- 你的大脑由大约一千亿个神经元组成，这些神经元又与其他细胞有多达五万个联结。
- 这些神经元之间可能的联结数量超过整个宇宙中的原子数量。
- 而且，正如我们在伦敦出租车司机身上看到的那样，你大脑中的神经通路正在不断地适应你的经验。

你拥有地球上最先进的机器，就在你的两耳之间，它正在等待你付诸行动。决定你的局限性的不是自己的大脑、智力或天赋，而是你对它们的信念。因此，让我们为改变自己的信念而努力。

怎样培养成长型心态

以下是卡罗尔·德威克建议从固定型心态转变为成长型心态的步骤：

1．留意你固定型心态的“声音”

当你面对挑战时，各种消极的想法很可能会突然出现在你的脑海之中。留意有哪些东西出现了，留意固定型心态的声音在告诉你什么。说你做不到？说你缺乏天赋？或者说你应避免做这件事以保持安全？（正念练习将帮助你掌握这一步骤。）

2．认识到你可以选择

怎样解释突然出现在你脑海中的想法，完全取决于你自己。你可以选择相信自己的天赋或能力是固定的，或者你可以选择提高自己的策略和方法，努力锻炼自己，提高自己的能力。

3．用成长型心态的“声音”回击

在这一步骤，你将使用一种心理学家称为认知重构的技术。你的目标是对无益的想法提出异议，用更有力量的想法取代它们。德威克给出了一些你内心交战时的样子的示例：

固定型心态：“你确定自己能做到吗？也许你没有这个天赋。”

成长型心态：“我不确定自己现在可以，但我可以通过时间和努力学会。”

固定型心态：“如果你失败了呢？你会成为一个失败者。”

成长型心态：“失败是成功之母。”

固定型心态：“如果你不去尝试，你可以保护自己，维护自己的尊严。”

成长型心态：“如果我不去尝试，我会自动失败。这哪里还有什么尊严？”

4. 采取行动

通过不断质疑你的固定型心态的声音，戳穿自己的限制性信念，并选择更有力量的想法，你会发现自己在掌控一切。你可以选择如何处理自己的想法。如果它们不能为你服务，就反驳它们，并采取相应的行动。

快速小结

- 大脑是“可塑的”，这意味着它会在你的一生中一直创造新的神经通路并改变现有的神经通路。
- 具有固定型心态的人认为，他们的基本素质（如智力或天赋）是固定不变的特质，这产生了让自己看上去很聪明的愿望。
- 具有成长型心态的人相信，他们的基本素质可以通过奉献和努力工作得到发展，这产生了学习和成长的愿望。
- 你的大脑是地球上最先进的机器。
- 决定你的局限性的不是自己的大脑、智力或天赋，而是你对它们的信念。
- 为了实现你的潜能，你需要培养一种成长型心态。

行动步骤

从固定型心态转变为成长型心态：

√ 留意你固定型心态的“声音”。

√ 认识到你可以选择。

√ 用成长型心态的“声音”回击。

√ 采取行动。

策略 2：找到你的使命

有一则古希腊寓言说："狐狸懂得很多事情，但刺猬懂得一件大事。"在这个故事里，狐狸想尽一切办法去抓刺猬，它尝试了偷袭、扑击、竞速和装死。

但每一次它都败下阵来，碰了一鼻子灰。刺猬总是会赢，因为它知道怎样完美地做好一件事：保护自己。

1953 年，哲学家以赛亚·伯林（Isaiah Berlin）在一篇名为《刺猬与狐狸》的文章中，将这则寓言故事应用到他周围的世界。他把人分成两组：狐狸和刺猬。

伯林认为，狐狸是圆滑而精明的动物，它们同时追求多个利益和目标。正因如此，它们的思维是不集中和分散的，这就限制了它们长期取得的成就。

而刺猬的行动是缓慢而稳定的。人们常常忽略它们，因为它们是如此安静和不显眼。但与狐狸不同的是，它们可以简化世界，把精力集中于一件事情上，这有助于它们克服重重困难取得成功。

2001 年，领导力专家吉姆·柯林斯（Jim Collins）在其颇具影响力的《从优秀到卓越》一书中，进一步发展了这一观点。柯林斯认为，如果机构像刺猬一样，专注一件事并做好这件事，它们就更有可能成功。

刺猬概念

柯林斯认为，行业中最好的公司，都处于三个关键评估的交叉点：

- 我们对什么充满激情?
- 我们能在哪些方面成为全世界最好的?
- 是什么推动我们的经济引擎?

当一个机构发现了它的刺猬概念，它的领导人就可以投入所有精力和资源来做自己最擅长的一件事。柯林斯认为，正是这种专注使得机构得以生存和发展。

刺猬概念对个人同样有用。这是一个非常好的模式，可以帮助你找到自己独特的人生使命。

在接下来的问题中，你会注意到我已经稍微缓和了评估的内容。这是因为我发现像“充满激情”“全世界最好的”“经济引擎”这样的措辞有点让人不知所措。为避免陷入困境，我们将从以下三个简单的问题开始：

- 你喜欢做什么？
- 你擅长做什么？
- 你能从做什么事情中得到报酬？

你可以在这里找到一件事——你的刺猬概念——在这三个方面的交叉点（见图 3-1）。

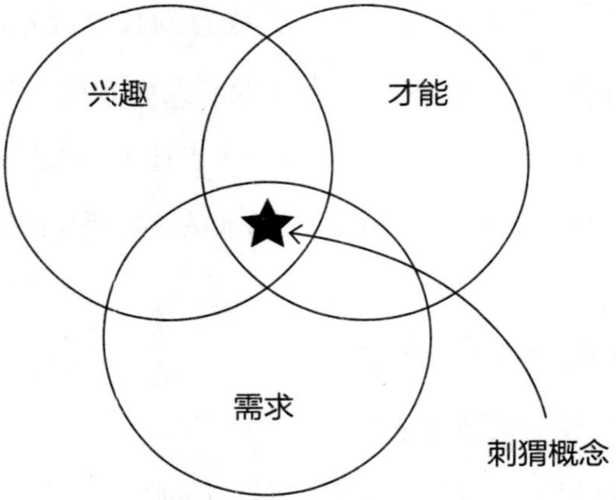

图 3-1　个人刺猬概念模型

现在，让我们更深入地研究这些领域中的每一个。

1．你喜欢做什么

如果你能想到自己深深热爱的事情，那么很好。

如果你想不出来，也不要气馁。仅仅是感兴趣就足够了。

因为如果你花大量的时间去做，它就可以开花结果，成为一种激情。

要弄清楚这个圈里有什么，你可以问自己以下问题：

- 我小时候花费时间做什么?
- 哪些活动让我沉浸其中，以至于废寝忘食?
- 如果不考虑钱的问题，我会花费时间做什么?

2. 你擅长做什么

关于你独特的优势和才能，这些可能出乎意料地难以准确定位。因为它们通常对我们来说是如此自然，以至于我们不认为它们是优势或才能。考虑到这一点，以下是一些有用的练习：

- 做一个性格测试，如迈尔斯—布里格斯（Myers-Briggs）或五大人格测试。

- 做一个性格强度测试，如 VIA 调查。
- 给你最亲近的人发电子邮件，询问他们认为你的最佳优势和才能是什么，以及为什么。
- 问问自己，人们倾向于向你征求什么建议。

3．你能从做什么事情中得到报酬

最后，你需要将自己喜欢做的事情和擅长做的事情与世界的需求结合起来。你可以通过问自己一些问题来做到这一点：

- 我的独特兴趣和优势怎样能在市场上得到利用？
- 什么工作最符合我的兴趣和优势？
- 人们愿意为我解决的哪些问题买单？

确定三个领域的交叉

请注意，只有两个领域的交叉，会出现问题：

● 如果你结合了兴趣和才能，但没有需求，那么你所拥有的很可能只是一种爱好。

● 如果你结合了兴趣和需求，但没有相匹配的才能或优势，你可能很难变得真正优秀并脱颖而出。

● 如果你结合了才能和需求，但没有兴趣，你可能会得到一份自己不喜欢的工作，这份工作可能让你筋疲力尽。

刺猬概念的魅力在于它能发现你独特的人生使命。一旦你确定了使命，就可以把所有时间都花费在一件事情上，而这件事情与你的兴趣和优势完全吻合。

因此，刺猬概念本质上是设置了一个你最有可能赢的游戏，使你一次又一次赢得胜利。正如我们在本书后面将要学到的，源源不断的持续成功会产生强大的自律水平。

快速小结

- 狐狸懂得很多事情，但刺猬懂得一件大事。
- 如果你像刺猬一样，把精力和资源都集中在一件事情上，你就更可能成功。
- 刺猬概念是你的兴趣、才能和世界需求之间的交叉。
- 通过发掘自己的独特使命，你就能设定一个自己最有可能赢的游戏。

行动步骤

写下你喜欢做什么：

√　我小时候花费时间做什么？

√　哪些活动让我沉浸其中，以至于废寝忘食？

√　如果不考虑钱的问题，我会花费时间做什么？

找出你擅长做什么：

√　做一个性格测试，如迈尔斯—布里格斯或五大人格测试。

√　做一个性格强度测试，如 VIA 调查。

√　给你最亲近的人发电子邮件，询问他们认为你的最佳优势和才能是什么，以及为什么。

√　问问自己，人们倾向于向你征求什么建议。

研究你能从做什么事情中得到报酬：

√ 我的独特兴趣和优势怎样能在市场上得到利用？

√ 什么工作最符合我的兴趣和优势？

√ 人们愿意为我解决的哪些问题买单？

找到你的刺猬概念：

√ 留意自己的兴趣、才能和外界的需求交叉点上有什么，这就是你的刺猬概念。

策略 3：了解你的动因

想想你是怎样度过今天的，你的时间花费在什么事情上？本周呢？这个月呢？今年呢？认真思考，然后回答一个简单的问题：这些究竟有多重要？

你是否将时间花费在了对自己和他人都重要的事情上？你对自己所做的事情很在意吗？它会让世界变得更美好吗？你也会因此变得更好吗？

西蒙·辛克（Simon Sinek）在《从了解动因开始》一书中解释道："大多数人知道自己在做什么，有些人甚至知道自己要怎样做，但很少有人知道自己的动因是什么。"

这是一个大问题，因为正是这个"为什么"的动因会为你所做的一切带来灵感，你的动因是促使自己采取行动的根本目的、信念或理由。

"人们不为你所做的事情买单，而为你的动因买单。"

辛克认为，类似苹果这样卓越的公司与其他公司的差别在于：他们会从其动因开始让外界了解自己。如果他们也同大多数的企业那样展示自己，他们的广告词会类似如下：

“我们生产很棒的电脑，它们设计精美、使用简单、对用户友好，你想买一台吗？”

这不怎么让人兴奋，不是吗？而这并非苹果公司的沟通之道；相反，他们的广告词是这样的：

“在我们所做的每一件事中，我们都相信挑战现状，我们相信不同的思维方式，我们挑战现状的方式是让我们的产品设计精美、使用简单、对用户友好，并且我们正好生产很棒的电脑，你想买一台吗？”

比上一版有吸引力多了，不是吗？这是因为，他们的广告词从其动因——一个与其所做事情无关的信念开始。正如辛克所言：“他们所做的事情——他们所生产的产品，无论是电脑还是小型电子产品，都不再是人们购买它们的理由，而是成为其事业具体有形的证明。”

你是做什么的？

你是否经常会问别人是做什么的？你是否经常会告诉别人你是做什么的？如果换一种方式，我们彼此问对方为什么要做，岂不更有趣？

因为，我们面对的现实情况是，很少有人会关心你做什么，也很少有人真正在意你怎样做，但人们在意你为什么要做。因此，一旦你清楚了解了自己的动因，就能与人建立更强大的联系，就可以为他们提供一个可用的信念。

如此，你所做的事情和怎样做事情，都会成为支持自己的动因的良好方式。

你为自己的动因买单

在这一点上，你也许想知道这一切与自律有什么关系。这么说吧，从你的动因开始，这不仅是一个让别人对你所做的事情感到兴奋的好方法，也是让你对自己所做的事情感到兴奋的关键。就如同你必须用一个令人信服的理由来说服别人一样，你也必须说服自己。

你不为自己所做的事情买单，而为自己的动因买单。

砌砖或建造上帝之屋

心理学家安吉拉·达克沃斯（Angela Duckworth）在《坚毅：激情与毅力的力量》一书中分享了以下故事：

三个砌砖工人被问道："你们在做什么？"

第一个工人说："我在砌砖。"

第二个工人说："我在建造一座教堂。"

第三个工人说："我在建造上帝之屋。"

第一个砌砖工人有一份工作，第二个有一项事业，第三个则有一项使命召唤。

工作、事业和使命召唤之间的差别，在于你对这件事情的看法。你可以与身旁的人做着同样的事情，却有着截然不同的体验。

这就是为什么有一个令人信服的动因是如此重要，它能帮助你将日常所做的事情与更为远大的目标相联系，而这反过来让你更可能每天露面并做好工作。

黄金圈

为了找到你的动因，西蒙·辛克提出了一个被称为

“黄金圈”的模型（见图 3–2）：

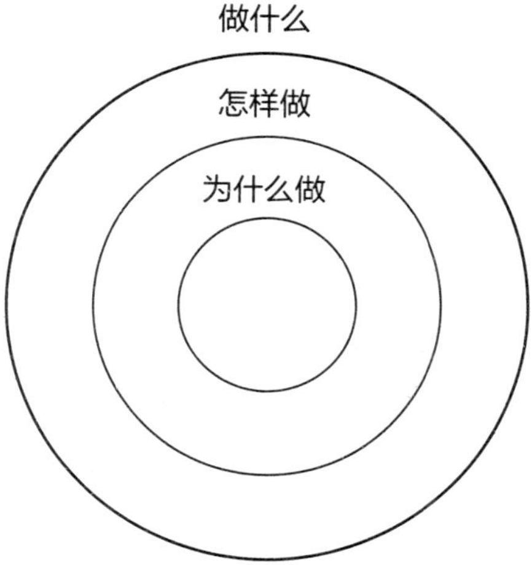

图 3–2 “黄金圈”模型

- 做什么，是你工作的职位、职能、销售的产品或提供的服务。
- 怎样做，是你所采取的与众不同的行动。
- 为什么做，是激励你的目标、事业或信念。

举例说明，以下是我的黄金圈：

- 做什么：我是一名心理训练师和作家。
- 怎样做：我写一些宏观的创意和研究支持的策略，以帮助人们发挥其潜能。
- 为什么做：我想要改变世界，一次改变一个人。

拥有这样一个有意义、以他人为中心的目标，对我的日常工作产生了巨大的影响。

做一名作家并不怎么令人兴奋，但肩负着改变世界的使命，肯定是令人兴奋的。

找到你的动因

无论你目前处境如何，都可以找到一个令人信服的动因。

如果你是一个在学校里努力遵守纪律的学生，想想毕业后你要怎样为世界服务。

如果你在做着一份自己不喜欢的工作，想想你所做的工作怎样让别人的生活更轻松。

如果你正在进行一项要求很高的锻炼，想想你健康状况的改善和能量的增强会怎样惠及周围的人。

将你所做的事情与更为远大的目标相联系，你就更有可能去做自己不想做的事情。

记住——你可以砌砖、建造教堂，或建造上帝之屋，选择权在你。

快速小结

● 大多数人知道自己在做什么，有些人甚至知道自己要怎样做，但很少有人知道自己的动因是什么。

● “人们不为你所做的事情买单，而为你的动因买单。”

● 你不为自己所做的事情买单，而为自己的动因买单。

● 黄金圈由你做什么、怎样做和为什么做组成。

行动步骤

写下你的黄金圈：

√ 你是做什么的——你工作的职位、职能、销售的产品或提供的服务。

√ 你会怎样做——你所采取的与众不同的行动。

√ 你为什么做——激励你的目标、事业或信念。

策略 4：定义你的能力圈

沃伦·巴菲特（Warren Buffett）被认为是世界上最成功的投资者之一，并一直位于全世界最富有的人之列。在 1996 年给股东的信里，他写道：

> “投资者所需要的是正确评估选定企业的能力。请注意‘选定’这个词，你不必是每一家公司的专家，甚至不必是很多公司的专家。你只需能评估你能力范围内的公司。这个圈子的大小并

不十分重要，但了解其边界是至关重要的。”

能力圈

我们每个人在一生中都积累了在某些领域有用的知识。有些事情大多数人能了解，而有些事情则需要具备更专业的技能才能评估。

例如，我们大多数人对餐馆的经营有基本的了解。你买或租下一个地方，花钱装修，然后雇用员工烹调食品、安排座位、提供服务和打扫卫生。从这里开始，就需要制定适当的价格，并产生足够的客流量，以便从所提供的餐饮服务中赚取利润。不同餐厅的菜肴、氛围和价格会有所不同，但它们都遵循相同的经济模式。

这些基本知识，加上对财务的一些理解和一点点研究，就足以评估和投资餐馆了。这并不复杂。

但我们大多数人对一家生物技术制药公司的经营模式并没有这样同等的理解。但是巴菲特认为，这完全没有问题。作为一个成功的投资者，并不要求你了解遇到的每一家企业。重要的是，要了解你究竟懂些什么——你的能力圈，并在这些领域持之以恒。

发挥你的才能

沃伦·巴菲特的得力助手查理·芒格（Charlie Munger）将能力圈应用于生活中：

> 你必须弄清楚自己的才能究竟是什么。如果你在玩一场别人有才能而自己没有这方面才能的游戏，你就会输。这是你所能预料到的事情中最接近确定的一点。你必须找出你的优势所在，而且你必须在自己的能力圈内进行游戏。

就像刺猬概念一样，一个明确定义的能力圈可以确保你玩一个最可能赢的游戏。你越能坚持自己的能力圈，就越会成功。而这反过来又创造了一个螺旋式上升的过程，你会不断进步，并增加赢的机会。

我个人的例子

为了给读者提供一个具体的事例，我在此分享自己的能力圈，它包括三个主要领域：

- 写作。这是我工作中最重要的习惯。因此，在每天做其他事情之前，我至少要写作 2 小时。这使我能够出版新书籍，并持续提高自己的写作技巧。
- 学习。要想成为一名优秀的作家，我需要有很多好的创意。因此，我每天都要花时间学习读者想要了解的东西——行为改变、动机、心理韧性等方面的知识。

● 市场营销。要想成为一名成功的作家，我需要接触和服务尽可能多的人。要做到这一点，我必须善于推广。因此，我也花了很多时间学习诸如网络营销、说服力、消费者心理学等方面的知识。

了解自己的能力圈，使我能够更有效地集中精力。每一天，我学习到一些新知识，写一些新文章，并推广自己写的文章，这样的一天过得很充实。我坚持并加强了自己的能力圈。而这样度过的每一天，我都认为是打赢了一仗。

个人基本能力

在本书第 2 章，我介绍了自律的基础习惯：睡眠、饮食、运动和正念。这些都是每个人需要自我保健并表现出最佳状态的普遍的基础习惯。

本章是关于个人的基本能力。你的能力圈告诉你应专注什么领域，以使你的时间和努力获得最大回报。

回顾一下找到你的使命（策略 2）和了解你的动因（策略 3），然后问自己：我需要关注的最重要的三个领域是什么？我要将时间和精力花费在哪些方面，以便与自己的动因保持一致并成功完成使命？我需要养成哪些特殊的习惯，以保持和加强每天的能力圈？

一旦发现了个人的基本能力，你就能在日常行动中带着一种清晰感、方向感和信念感向前迈进。

快速小结

- 你的能力圈是你一生中获得的某些领域的有用知识。
- 你的能力圈大小并不重要，但了解其边界至关重要。

● 有一个明确定义的能力圈可以确保你玩一个最可能赢的游戏。

● 你的能力圈包含了你个人的基本能力——你应专注的领域，以使自己的时间和努力获得最大回报。

行动步骤

写下你的能力圈：

√ 我需要关注的最重要的三个领域是什么？

√ 我要将时间和精力花费在哪些方面，以便与自己的动因保持一致并成功完成使命？

√ 我需要养成哪些特殊的习惯，以保持和加强每天的能力圈？

为你的基本能力留出空间：

√ 在你的日程表中为每项基本能力安排时间。

策略 5：评估你的进展

你熟悉喜剧演员杰瑞·宋飞（Jerry Seinfeld）“不要中断链条”的策略吗？如果不了解，我在此简单分享一下这个故事。

一位年轻喜剧演员刚开始参加喜剧巡回演出。一次，他发觉自己和杰瑞·宋飞在同一家俱乐部里演出。

在接受“生活骇客”网站采访时，这位崭露头角的喜剧演员分享了他在后台与宋飞的交流情况，并问宋飞能否给年轻喜剧演员提一些建议。

宋飞的创作秘密

这位年轻的喜剧演员这样描述了他与宋飞之间的互动交流：

> 他说，成为一个更优秀的喜剧演员的方法，是创作出更引人入胜的笑话，而创作出更引人入胜的笑话的方法，是每天坚持写作。
>
> 他让我买一个大的日历，将一整年的内容显示在一页上，然后把日历挂在墙上显眼的位置，再准备一支大的红色魔术笔。
>
> 他说，我每完成一天的写作任务，就在日历的那一天上用红色魔术笔打一个大红叉。“几天后，你就能得到一根链条。只要坚持下去，链条

就会一天比一天长。你会喜欢看到这根链条，尤其是当你积累了几周的经验后。你唯一的工作就是不要中断链条。”

意外反转

如果你已听说过宋飞“不要中断链条”的策略，那么并不奇怪。

该策略已经在各文章、杂志和书籍里一再地被提及，甚至我还将其写进了自己的第一本书《习惯蓝图》中。

然而却出现了意外反转：杰瑞·宋飞本人从未提出过，甚至从未使用过该策略。是的。在红迪网 2014 年的《问我任何事》栏目中，宋飞写道：“这对我而言是一件很搞笑的事情，不知怎么的，我因为使用‘宋飞创作计划’在日历上打叉而获得赞誉，但这个愚蠢的想法根本不是我的想法，我从未这样做，但不知怎么的，我却因此获得赞誉。”

被评估的事情会取得进展

这的确有点搞笑,宋飞的“创作秘密”居然与杰瑞·宋飞完全无关，但我不同意说它是“愚蠢的想法”。

被评估的事情会取得进展。关注某件事情的简单行为，会帮助你建立起之前从未有过的联系，你会发现反复出现的障碍，并找出解决办法。

而且，不管是谁的发明，“不要中断链条”的概念，都为评估你所做的事情提供了一种简单而有效的方法。

因此，为确保你一直在努力并培养自己的基础习惯，我强烈建议你开始建立自己的链条。让我们看看具体怎样做到这一点。

1．找到一个日历和记号笔

你可以使用很多不同类型的日历来跟踪进展。我使用一个日历，在最左边显示日期，右边有一些空格，这样我就可以在空格里检查自己所有的日常习惯。它看起来像是这样的（见表3-1）：

表3-1　习惯养成跟踪表

习惯						
1						
2						
3						
4						
5						
6						
7						
8						
9						
10						
11						

续表

习惯						
12						
13						
14						
15						
16						
17						
18						
19						
20						
21						
22						
23						
24						
25						
26						
27						
28						
29						
30						
31						

不过，使用哪种日历并不重要。重要的是找到一个

你喜欢的日历和记号笔。你会希望在“日历上打叉”成为你每天期待的奖励。

2．设定每天的最低标准

接下来，你需要决定自己每天要完成的最低工作量，以便在日历上打叉。我建议从每天的小目标开始，这样你就可以轻松获得成功。为你所有基础的关键习惯创建一个目标，例如：

- 睡眠。做一分钟的呼吸练习来放松。
- 饮食。下午吃一片水果。
- 运动。走楼梯。
- 正念。冥想两分钟。

然后，为你能力圈中的每个领域创建一个目标，例如：

- 写作。写 200 个字。
- 学习。读一本书中的两页内容。
- 市场营销。给读者发一封有效的电子邮件。

每完成一天的最低工作量，就在日历上打一个大大的叉。干得好!

3．建立规则

期望在一整年内每天都坚持自己的所有习惯是不现实的，因为有时会休假，有时会生病。在这样的情况下，我建议你在日历上标记其他字母。例如，如果你在休假，可以在那天标记一个“V”；如果你生病了，可以标记一个“S”。

为特殊的场合制定非常明确的规则，允许跳过自己的习惯。这样，当你有了正当的理由错过一些天数时，你仍能保持自己的链条继续运转。

4．开始

一旦你有了日历、最低工作量和规则，我就鼓励你马上开始行动。

你的链条不但可以为你提供一个坚持习惯的巨大激励，还会为你提供有价值的数据，让你变得越来越有效率。

不断问自己，为什么你的链条会发展成现在这样？如果其中一根链条特别成功，那是为什么？如果有一根链条经常断裂，又是为什么？

用这样的方法，你会持续在自己所做的事情上取得进展并变得越来越有效率。

快速小结

● 被评估的事情会取得进展。

● 评估和取得进展的一个有效方法，是使用杰瑞·宋飞“不要中断链条”的策略。

● 结果发现与杰瑞·宋飞完全无关。

行动步骤

开始评估你基本的关键习惯：

√　找到一个日历和记号笔。

√　设定每天的最低标准。

√　建立规则。

√　开始！

策略 6：创造赢家效应

1995 年，传奇拳击手迈克·泰森（Mike Tyson）在监狱服刑 3 年后，准备重返拳击场。

当时为了让他准备与冠军弗兰克·布鲁诺（Frank Bruno）的 WBC 世界拳击锦标赛，泰森的经纪人唐·金（Don King）安排了两场预备赛。

你可能认为，金是想通过安排与两位优秀拳击手的比赛来为泰森复出做好准备，但他的做法恰恰相反。

金安排了泰森与拳击圈中被称为“番茄罐头”（明显次一等并很容易被击败）的拳手的比赛。

与“番茄罐头”比赛

泰森在对阵彼得·麦克尼利（Peter McNeeley）的第一场复出赛中，在 89 秒时击倒对手获胜。

几个月后，泰森对阵他的第二个对手小巴斯特·马西斯（Buster Mathis Jr.），这场比赛花费了更长的时间，直到第三轮的最后 1 分钟，泰森才最终击败体重超标的对手。

当时，人们问了很多问题。为什么金选择这样的方式让泰森做好准备？他为什么要安排泰森与两个明显不如他的拳手打比赛？这样做难道不会让泰森受到嘲笑而削弱他的自信，并使其重振职业生涯受到威胁吗？

但在1996年春，所有的批评者都沉默了。就在那时，泰森在WBC世界拳击锦标赛的第三轮击倒了弗兰克·布鲁诺，夺回了世界冠军头衔。

无论他是否意识到，唐·金已经按照一个强大的心理学原理为泰森做了完美准备。

赢家效应

根据神经心理学家伊恩·罗伯逊（Ian Robertson）的说法，成功和失败对我们的影响比其他任何事情都要大。在《赢家效应》一书中，他解释道：“动物如果在与较弱对手的几场较量中获胜，就更有可能在与更强大的竞争对手的对抗中获胜。包括人类在内，所有物种都是如此。”

出现这种情况是因为大脑化学反应的成功改变。每次获得成功，你体内分泌的睾酮和多巴胺都会增加。而这些化学物质会让你更自信、更主动、更专注，也更聪明。你的思想和身体从本质上被重塑，使你在未来拥有生物优势。你成功得越多，未来获胜的可能性就越大。

进步原则

如果你心中感到疑惑，也不必为轻松获胜而参加实际的拳击比赛，在日常工作中运用同样的原理为自己的成功做准备，也是行之有效的。

哈佛商学院的特丽莎·阿玛碧（Teresa Amabile）研究了机构内部的日常活动怎样影响人们及其表现。当她和同事设计并分析了 7 家公司的 238 名员工近 1.2 万份日记时，发现了他们现在所称的“进步原则”：

所有能提高情绪、动力和感知的事情中，最重要的是在有意义的工作中取得进展。从长远看，人们越频繁地体验到这种进步感，就越有可能具有创造力。无论是试图解决一个重大的科学谜团，还是仅仅生产一种高质量的产品或服务，每天的进步——哪怕是一个微小的胜利——都会使他们的感觉和表现发生很大变化。

列出你的“番茄罐头”

无论你想要成就什么，只要能让自己体验到成功，就会显著提高赢的概率。做到这一点的方法，就是排列出并一个个击倒自己的“番茄罐头”——非常容易实现的目标，你可以保证会赢。

在上一节，我们介绍了如何设定每天的最低目标。

我之所以建议你把目标定这么低，是因为这就是你将它们变成“番茄罐头”的方法。让我们再来看看这些例子：

普遍的基础习惯：

- 睡眠。做一分钟的呼吸练习来放松。
- 饮食。下午吃一片水果。
- 运动。走楼梯。
- 正念。冥想两分钟。

个人基本能力：

- 写作。写 200 个字。
- 学习。读一本书中的两页内容。
- 市场营销。给读者发一封有效的电子邮件。

通过设定如此简单的日常目标，确保你经历不断的成功。这种成功会创造一个强大的赢家效应。而赢家效应会创造出必要的进展和动力，使你在未来能实现更具挑战性的目标。

快速小结

● 成功和失败对我们的影响比其他任何事情都要大。

● 动物如果在与较弱对手的几场较量中获胜，就更有可能在与更强大的竞争对手的对抗中获胜。这就是赢家效应。

● 提高情绪、动力和感知的最重要的一件事，是在有意义的工作中取得进展。这就是进步原则。

行动步骤

查看你每天的最低目标：

√ 问问自己，它们是否真是你的“番茄罐头”，换句话说，它们是不是很容易做到，以至于你保证会赢？如果是，那就太好啦！你可以进入下一节。但如果不是，现在就花费些时间，让它们变得简单到你对自己每天完成它们非常自信。如果你觉得目标太小，不足以让你取得足够的进展，也不必担心，我们将在策略 9 中解决这个问题。

策略 7：自我奖励

很少有人因收到警察开出的票（罚单）而兴奋不已，除非你在加拿大里士满一个非常有创意的警察辖区。

在该辖区，警察定期向那些表现出积极行为（如捡拾垃圾或安全过马路）的年轻人发放“积极票”。这种“积极票”可以免费兑换汉堡、电影票或提供观看当地曲棍球队比赛的机会，所有这些都是由当地企业捐赠的。

发放“积极票”，是为了奖励那些在行为、决策和行动方面做出健康、积极选择的年轻人。

“积极票”的力量

在处理犯罪问题上，有一种公认的最佳做法：通过更严厉的法律，制定更严厉的判决，或发起零容忍倡议。换句话说，我们往往更倾向于惩罚不良行为。

但“积极票”的做法表明，奖励良好行为也有很多好处。

在实施“积极票”之前，该地区的重新犯罪率为65%，青少年犯罪率不断上升。

在实施“积极票”之后，重新犯罪率降至5%，青少年犯罪率降低了一半。

奖励对成功至关重要

司法系统的行为反映了人们的普遍心态。正如执法部门倾向于惩罚而非奖励一样，我们个人也是如此。

每当我们犯了错误时，就会立即自我惩罚，我们会为自己的行为自责，并感到内疚。

但每当我们做了一件好事时，我们通常不会自我奖励。

相反，我们告诉自己这没什么大不了，不值得夸耀。而这是一个大问题，不仅因为我们最终经历的负面情绪多于正面情绪，还因为它破坏了我们建立信心、激励和动力的机会。

正如我在上一节所述，轻松获得成功是赢家效应和进步原则的关键，为了发挥它们的效用，你必须不断让自己体验到成功的感觉。

斯金纳的“代币经济”

你需要做的是创建自己的“积极票”系统，你必须找机会来奖励自己良好的行为。

心理学家尼尔·菲奥雷（Neil Fiore）有一个良好策略来做到这一点。在《现在的习惯》一书中，他写道：“作为一名学生，我正在寻找一种方法来克服拖延症。”

在寻找解决方案时，他发现现代行为主义创始人伯尔赫斯·弗雷德里克·斯金纳（B. F. Skinner）每次坐下工作时，都会用一个与椅子相连接的时钟“打卡”，当他每次从椅子上站起来时，时钟就会停下，就像他在“打卡”一样。

这样，斯金纳就可以像建筑师或律师记录向客户收费的时间那样来衡量自己的时间。

斯金纳还在流程图上记录自己的时间，每当他完成一小段工作后，就给自己颁发一颗金色的小星星。

发放金星或其他符号以奖励和强化良好行为的策略，在心理学上被称为“代币经济”。

就像“积极票”一样，这些代币以后可以兑换成真正的奖励。

怎样创建你的“代币经济”

1．选择用代币来奖励自己

代币可以是金星、硬币、扑克筹码，或其他你在家里闲置的东西。每次成功达成每天的最低目标，你就用一个代币奖励自己。然后，把你的代币放在你每天都能看到的地方。随着时间的推移，这会为你的进展建立一个鼓舞人心的视觉体系。

2．建立一个鼓舞人心的奖励清单

清单上是你可以用代币兑换的东西，这里的关键是，用那些能让你朝长期目标前进而非偏离目标的事物来自我奖励。换句话说，不要通过吃巧克力蛋糕来庆贺自己跑步一周的好成绩，而是选择买一台新的跑步机。

建立一个奖励清单，让你逐步确立自己想要成为的人。以跑步为例，你可以建立以下清单：

水瓶 =5 个代币

跑步袜 =10 个代币

计步器 =50 个代币

跑鞋 =100 个代币

马拉松比赛门票 =500 个代币

这绝不是一个完美的代币经济，但我相信你明白这一点，重要的是，你要建立一个奖励清单，让自己越来越有成就感和能力。

快速小结

● 我们非常善于自我惩罚，却不善于自我奖励。

● 这是一个大问题，因为自我奖励对建立信心、激励和动力至关重要。

● 你需要轻松获得成功，才能发挥赢家效应和进步原则的效用。

● “代币经济”是自我奖励和强化良好行为的绝佳方式。

行动步骤

创建一个“代币经济”：

√ 选择用代币来奖励自己。

√ 建立一个鼓舞人心的奖励清单。

√ 开始对自己良好的行为进行奖励。

策略 8：使用承诺手段

纵观历史，人们已经使用许多策略来承诺他们想要和需要完成的事情。

一个典型的例子是奥德修斯的故事。他命令手下用蜂蜡塞住他的耳朵，将他的身体绑在船的桅杆上，这样他就不会因听到海妖的歌声而被其引诱跳海。

另一个例子是西班牙的征服者埃尔南·科尔特斯（Hernán Cortés）的大胆举动。他摧毁了自己的船只，以避免出现撤退的可能性，从而增加了他的士兵们击败玛雅人的机会。

这些故事是对日常生活的绝佳隐喻。如同奥德修斯那样，有现代的“海妖”试图诱惑你——社交媒体、电子邮件、游戏、应用程序、电影和电视剧不断地“呼唤你”。

为你正在做的事情提供一个更简单、立即令人满意的替代方案。

就像科尔特斯一样，你也有需要征服的事情，可能是写一篇提交给学校的论文、完成一份工作报告、坚持例行锻炼等。这些都是个人的追求，你需要坚持到底，毫不退缩。

“阿克拉西亚”

如果你正为坚持自己的目标而奋斗，你并不孤单。这是有史以来人们一直面临的问题。事实上，从柏拉图和亚里士多德开始，哲学家甚至为此创造了自己的词语，他们称其为“阿克拉西亚”，其含义包括拖延症、缺乏自制力、缺乏执行力，以及任何成瘾行为。

为什么我们会有这样的问题？技术上的答案是“时间差”，这在一项关于购买杂货习惯的研究中得到很好的说明。当人们在网上购买准备明天运送的食品杂货时，他们购买的冰激凌要比订购下周送货的物品多得多，而蔬菜则要少得多。

换句话说，我们的偏好随着时间的推移是不一样的。我们想要的是知道对我们有用的东西，只是现在不行。当然，问题在于，我们总是活在当下。

承诺手段

那么，你如何克服“阿克拉西亚”？好吧，你可以使用奥德修斯和科尔特斯的策略。如果你知道“海妖”会引诱你，就把自己绑在桅杆上；如果你要进行征服，就摧毁身后的船只。

现在类似的策略被称为“承诺手段”，它们可以有很多形式。以下是一些示例：

- 减少使用你的信用卡以避免无意识的消费。
- 把你的笔记本电脑留在办公室，这样就不能继续在家工作了。
- 购买小包装的垃圾食品或糖果。
- 扔掉家里所有的酒，以防止饮酒。
- 购买小盘子以避免暴饮暴食。
- 与一个健身伙伴合作，以增强责任感。
- 将工资的一部分自动转入你的储蓄账户。

- 取消电视服务以节约时间。

你还可以使用很多服务将自己绑定在某个目标上，以下是两款最受欢迎的服务软件：

- stickK。创建并签署一份“承诺合同”。你可以设定一个开始和结束日期，指定一名裁判监督你，并邀请支持者来为你加油。如果愿意，你还可以押上一些钱。如果你失败了，让 stickK 把钱寄给你不喜欢的慈善机构或组织。
- Beeminder。这是一款跟踪目标的应用。你可以将承诺合同与自我跟踪相结合。在这里你面临的挑战是将所有数据点保留在黄砖路上。如果做不到这一点，你就会失去你所投入的资金。

如果你想在网上打败“阿克拉西亚”，有很多应用程序和扩展程序可以帮助你做到这一点。请看以下示例：

- Facebook 的新闻推送器是一个 Chrome 扩展程序，它用一句鼓舞人心的名言取代你的 Facebook 新闻提要。

- Freedom 是一款适用于 Mac 的应用程序，它可以让你远离互联网，从而提高工作效率。

- SelfControl 是一款适用于 Mac 的应用程序，它可以在一定的时间内阻止你访问网站和电子邮件服务器。

- StayFocusd 是一个 Chrome 扩展程序，它允许你限制自己在浪费时间的网站上所花费的时间。

- Forest 是一款可以治愈你的种树 App。它使用的方法很聪明，让你在应该工作时不使用手机。该应用程序可以让你在想要集中注意力时种下一棵数字树，这棵树会在接下来的 30 分钟内成长，如果你离开这个应用程序，这棵树就会死亡，但如果你保持专注，你就会收获一片森林。

发挥创意

如你所见，有很多方法可以使用承诺手段来克服“阿克拉西亚”。而这些根本不是详尽无遗的清单。作家曼尼西·塞蒂（Maneesh Sethi）发明了我听说过的最有趣的承诺手段。

为了克服自己的网上拖延症，他雇了一个“打耳光的人”，每当他登录 Facebook 时就打他的脸。有了这个承诺手段，他的工作效率从 38% 飙升到 98%。

如果你认为雇人打你有点极端，我当然同意，但我鼓励你像塞蒂那样，在这方面发挥创意。你是自己在这个世界上最好的心理学专家，因此你最有资格找到对自己有用的承诺手段。

也许你需要在工作时间屏蔽社交媒体网站，也许你需要投入一些钱作为赌注，也许你需要把电视机放进车库……使用什么样的承诺手段并不重要，只要它们能给你带来想要的结果。

快速小结

● “阿克拉西亚”是一个古老的词语，指意志力不足，它包括拖延症、各种成瘾行为以及自制力和执行力的缺乏。

● “时间差”现象告诉我们，我们的偏好随着时间的推移是不一样的。我们想要的是知道对我们有用的东西，只是现在不行。

● 为了克服“阿克拉西亚”和“时间差”，你可以使用承诺手段来改变激励机制，破釜沉舟，将自己“绑定”在一个特定的行动方案上。

行动步骤

设置你的承诺手段：

√ 仔细研究自己每天的最低目标清单，想想你可以采取哪些策略、服务、应用程序和扩展程序，避免在所有这些目标中出现“阿克拉西亚”，然后将目标落实到位。

策略 9：获得边际收益

在体育科学理论中，有一个运动训练的基本原理被称为“过度补偿”。这一词语是什么意思呢？

过度补偿的概念是指，“在训练后一段时期内，受训功能或参数表现力比训练之前更强”。

通俗的解释就是，由于人体是一个可调节的有机体，它不仅能从运动中恢复，而且能适应施加于它的新压力，并变得比之前更强壮一些（见图 3–3）。

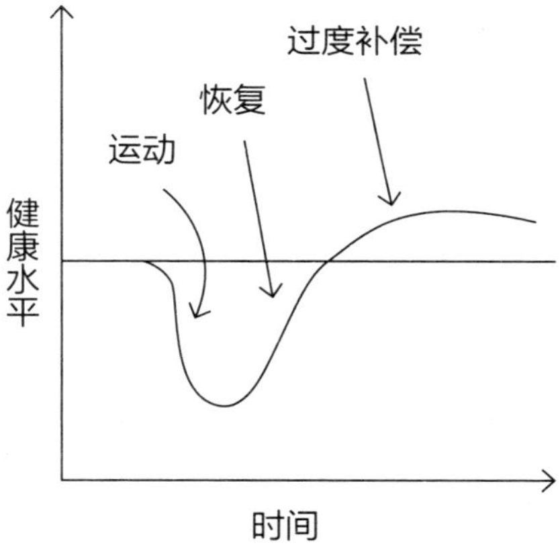

图 3-3 “过度补偿”示意图 1

但问题是，只有当你的努力达到比身体已经习惯的水平更高时，才会出现过度补偿。而不幸的是，很多人正是在这一点上出现错误。根据体育科学家的研究，人们在锻炼时最常犯的错误是反复做着同样的锻炼。

举起同样的重量，以同样的速度跑同样的路程，不会增加你的力量和耐力。这是因为，当你以这种方式锻炼时，并没有新的应变水平让身体去适应。也正因如此，才不会出现过度补偿（见图 3–4）。

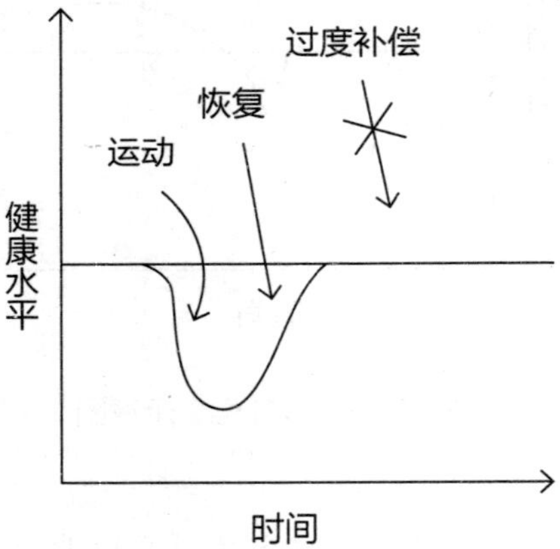

图 3–4 “过度补偿”示意图 2

阿尔伯特·爱因斯坦（Albert Einstein）说道，“精神错乱的定义是重复做着同样的事情，却期望获得不同的结果”。

因此，如果你想提高健康水平，就不能周而复始地做完全相同的锻炼。从字面上看是这样。嘿，这是爱因斯坦说的，不是我说的。

为了实现过度补偿，你需要不断地将自己推到不习惯的水平上。每一次新的锻炼都必须比上一次更具有挑战性。你需要举起稍重一点的重量，比以前跑得更远或更快一点。

习惯的过度补偿

过度补偿的概念不只能帮助你健身，它对你生活中的每一个习惯都会有帮助。让我们再来看看前面几节的例子：

普遍的基础习惯：

- 睡眠。做一分钟的呼吸练习来放松。
- 饮食。下午吃一片水果。

- 运动。走楼梯。
- 正念。冥想两分钟。

个人基本能力：

- 写作。写 200 个字。
- 学习。读一本书中的两页内容。
- 市场营销。给读者发一封有效的电子邮件。

正如我前面已经介绍的，这些每天的最低目标是很好的“番茄罐头”，它们可以帮助你开始建立动力，并迅速建立新的习惯。一旦它们到位，重要的就是你不要满足于每天付出相同的努力。如果这样做，你的成长将很快陷入停滞。

相反，你应不断地寻找获得边际收益的方法——不断地将标准提高一点，以推动自己在所做的每件事情上都做得更好。

生活中的边际收益

有两种方法可以使你在生活中获得边际收益：你可以不断增加些新的小习惯，或加大你现有习惯的努力。以下是一些想法：

普遍的基础习惯：

● 睡眠。每周在你的晚间活动中做一个小的改进。

● 饮食。每周从你的饮食中去除一种不健康的食物。

● 运动。每周增加一个新的小型运动、中等运动或大的运动。

● 正念。每个月将你的冥想练习时间延长 1 分钟。

个人基本能力：

● 写作。每个月在你的日常写作目标上增加 100 个字。

- 学习。每个月在你的每日阅读目标中增加一页。
- 市场营销。每个月给读者多发一封有效的电子邮件。

当然，这只是一些例子，希望它们能为你提供一些能在生活中创造边际收益的想法。

因为这就是过度补偿出现的时候，是你随着时间的推移能创造出非凡结果的方法的时候。

每周回顾

为确保你在自己的习惯中不断获得边际收益，你需要持续跟进它们。要做到这一点，一个良好的方法是安排每周回顾——这是你用来回顾过去一周的情况，并为下一周做好准备的时间。可以按照以下步骤进行：

● 分析进展。回顾日历上的链条，看看你哪些习惯做得很好，哪些做得不够好。

● 自我奖励。每次成功完成每天的最低目标，你就奖励自己一些代币。

● 兑换代币。如果你有足够的代币，就可以用它们兑换真正的奖励。

● 重新调整方法。如果你在任何一个习惯上失败了，分析出错的原因，并制定策略来改善下周的表现。

● 获得边际收益。如果你在任何一个习惯上连续 7 天获得成功，就问自己下周可以怎样稍微加大努力。

快速小结

● 过度补偿论认为，由于人体是一个可调节的有机体，它不仅能从运动中恢复，而且能适应施加于它的新压力，并变得比之前更强壮一些。

- 为实现过度补偿，你需要加大努力，达到比身体已经习惯的水平更高的水平。
- 你可以将过度补偿的概念应用于生活中，不断增加些新的小习惯，或加大现有习惯的努力。

行动步骤

安排每周一次的回顾时间，每次用 30 分钟完成以下步骤：

√ 分析进展。

√ 自我奖励。

√ 兑换代币。

√ 重新调整方法。

√ 获得边际收益。

策略 10：管理你的能量

当作家迈克尔·刘易斯（Michael Lewis）在准备写一篇关于时任总统巴拉克·奥巴马（Barack Obama）的文章时，他们两个人在一起“亲密接触”了 6 个月。

刘易斯可以在白宫闲逛，坐在空军一号的前排，参加总统的私人篮球赛，并在总统有时间时与他交谈。

一次，刘易斯向奥巴马提出了一个设想：“假设 30 分钟以后，您不再担任总统，而我将接替您的位置，请教一教我该如何当好总统，帮我做好准备。”

奥巴马答道：“如同你看到的，我只穿灰色或蓝色的西装。我在努力减少自己做决定的数量，我不想对诸如饮食或着装之类的事情做决定，因为我有太多其他的事情需要做决定……你需要集中自己的决策能量，让日常生活尽量简单化，而不是在一天之内被琐事分散注意力。”

决策疲劳

无论奥巴马是否知道，他的想法是有科学依据的，心理学家将其称为“决策疲劳”：一个人在长时间的决策后，所作出决策的质量会不断下降。

这一概念在2011年的一项研究中得到了很好的说明，一组研究人员考察了影响法官批准罪犯假释的因素。在审查了10个月的1112项司法裁决后，他们发现了一些有趣的事情。

法官的裁决不仅基于一些你可能想得到的因素，如犯罪类型或违反的特定法律条文，还有很多其他因素，其中很多因素不应在法庭上产生影响。而最值得注意的因素，是裁决在一天之中所处的时间段（见图 3–5）。

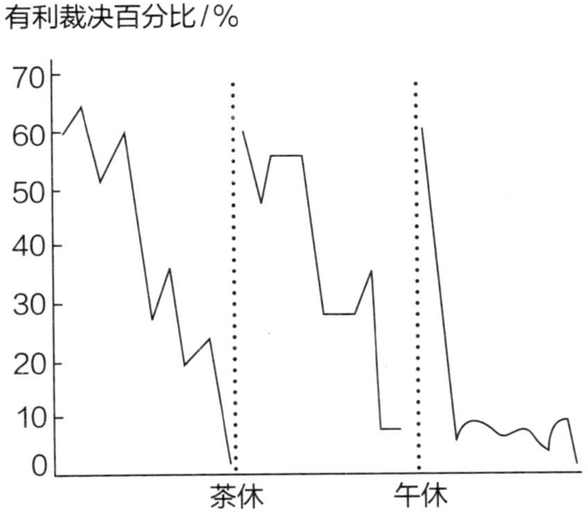

图 3–5　不同时间段法官做出有利裁决的比例

当一天刚开始时，法官有大约 65% 的可能性做出对罪犯有利的裁决。然后，随着时间的推移，法官因做了越来越多的决定而变得疲惫不堪，随着疲劳程度的不断加深，获得有利裁决的可能性在午饭之前稳步降至零。

午饭后，法官精神抖擞地回来了，做出有利裁决的可能性会立即回升到 65% 左右。同样的情况在下午也会发生。法官越来越疲劳，最终做出有利裁决的可能性再次降至零。这一趋势在 1112 个案例中的表现都是如此，无论是什么罪行。

这公平吗？不，但它确实是有原因的。当你因做出很多决定而感到疲劳时，说“不”并把每个人都关起来，比试图确定某人是否值得信任而让他离开监狱更容易、更安全。

管理你的能量

那么，这一切对你有什么重要意义？是的，决策疲劳在你的生活中每天都在发生着。如果你在学校或工作中度过了特别艰难的一天回到家，你就会明白我的意思。

你可能想去健身房锻炼身体，但你的大脑更希望你待在沙发上。这就是决策疲劳。如果你想培养自律，就需要采取某些策略来克服它。以下是一些方法。

1．减少不重要的决策

如果你早上醒来做的第一件事就是问自己今天穿什么、早餐吃什么、怎么去上班等，那么你在一天开始之前就已经耗尽了精神能量。所以，正如奥巴马所说，你需要做的就是使自己的生活常规化。

如果你的日子和我一样，往往会有很多难以预料的事件，使日常生活很难常规化。但你可能对自己的早晨和晚上有更多的控制权。这就是为什么这些时间是为自己的高效生活做准备的好时机：

- 利用晚上的例行活动为第二天做准备。例如，打扫房间、准备第二天的午餐，并写下明天最重要的任务。然后让你的身体准备睡个好觉。
- 利用早上的例行活动为美好的一天做好准备。养成一套预先确定的习惯，让你的身心为一天做好准备。例如，做一次快速的锻炼、冥想，并在脑海中过一遍你当天最重要的任务。然后开始工作。

2．在正确的时间做正确的事情

我总是在早晨的例行活动结束后直接完成写作。为什么？因为我知道那是我精力最旺盛的时候，也是我大脑最敏锐的时候。写作是我每天要做的要求最高的工作，所以我一定要在自己处于巅峰状态时进行。

只有在我完成当天的写作后，才会打开手机、电子邮件，处理与我的业务相关的其他任务。这些事情也很重要。但它们没有我的写作要求那么高。因此，我在下午处理这些事，那时我的精力通常会有点不足。下午晚些时候，通常是我做举重锻炼最好的时候，因此是我去健身房的时候。

需要明确的是，我的日程安排并不总是这样。我进行了很多尝试，犯了不少错误，才找到如何更好地管理我的精力的方法。一旦做到了，它就给我的工作效率带来了巨大的变化。

所以，我强烈建议你也开始尝试这些事情。问问自己，什么时候精力会达到最高值和下降到最低点，然后相应地重新安排你的日常活动。

快速小结

● 决策疲劳是“个人经过长时间决策后，所作出决策的质量会不断下降”。

● 为了避免决策疲劳，你需要管理好自己的精力。

● 你可以通过减少不重要的决策和在正确的时间做正确的事情来管理自己的精力。

行动步骤

管理你的日常能量：

√ 利用晚上的例行活动为第二天做准备。

√ 利用早上的例行活动为美好的一天做好准备。

√ 重新安排你的日常活动，以匹配一天中的能量水平。

策略 11：珍惜你的时间

罗马斯多葛派哲学家吕齐乌斯·安涅·塞涅卡（Lucius Annaeus Seneca）在《论生命之短暂》一文中写道，“人们因‘对死亡愚蠢的遗忘’而遭受痛苦”，并提醒我们，如果我们浪费自己的生命，大自然不会给予任何提醒；相反，生命会悄无声息地溜走。

> 这并非说我们的生命短暂，而是我们荒废了太多。生命足够漫长，已经慷慨地给予了我们足

够的时间，如果运用得当，我们就能获得最高的成就。但如果将生命浪费在漫不经心的奢靡和毫无意义的活动上，那么恐怕只有当死亡最终降临时，我们才会意识到，生命早已在不经意间溜走。事实如此：我们并非被赋予了短暂的生命，而是我们将其变得短暂。我们并非被吝啬以待，而是我们挥霍太多……如果你懂得运用得当，生命足够漫长。

珍惜你的时间

你的时间是最宝贵的资源。与金钱不同，它是一种不可再生资源。你总有机会可以获得更多的金钱，但你永远无法获得更多的时间。

尽管如此，我们对待金钱往往比对待时间要谨慎得多。如果有人试图拿走我们的钱财，我们通常会拼命保护它；但如果有人试图夺走我们的时间，我们往往不假思索地将它送出去。

如果你想成为一个高度自律的人，就不能放弃最宝贵的时间，你必须意识到它的价值，并相应地珍惜。

这是在对你重要的事情上获得有意义进展的唯一方式，也是不让你的生命悄悄溜走的唯一方式。

成为一个本质主义者

格雷格·麦基翁（Greg McKeown）在《本质主义》一书中写道：

> “本质主义者的方式意味着按照设计生活，而非默认生活。本质主义者不是被动地做出选择，而是有意地将重要的少数事情与微不足道的多数

事情区分开来，剔除非必要的事情，然后移除障碍，使重要的事情能有清晰、顺利的通道。”

一旦确定了什么事情对你而言是重要的——你的使命、你的原因和你的基本能力——你就要严格排除阻碍其道路的干扰因素。与其试图在更短时间内做更多的事情，不如专注于只做正确的事情。让我们来看看能实现这一切的一些强有力的方法。

1．关掉电视

普通人一生中会花费9年的时间看电视。试想一下，如果把这些时间用于培养技能和实现梦想，可以释放出多大潜能。你要避免盲目地操纵遥控器，尽可能积极主动地决定你每天愿意花费在看电视上的时间。精心挑选你真正想看的电视节目。在不需要时，关掉电视。

2．限制使用互联网的时间

主动限制你上网的时间，限制对耗时网站的访问，并在不需要时屏蔽社交媒体网站。有几个有用的应用程序可以做到这一点。重温策略 8，以便获得一些建议。

3．重新整理手机

我们平均每天查看手机 150 次。你每次解锁手机后，会看到所有的应用程序都有提示你错过了什么的红色标记，你就有可能陷入非必要的事情。因此，请删除手机中的所有通知，然后从主屏幕上移除浪费时间的应用程序。

4．减少电子邮件

决定你每天检查邮箱的时间。理想情况下，这会是在一天中的晚些时候，这样你就不会在完成最重要的工作之前陷入浪费时间的陷阱。删除所有设备上的电子邮件通知，并严格退订你不需要的新闻简报。

5．简化承诺

对你所有的义务质疑，它们真有你认为的那么重要吗？还是它们正在与真正对你重要的事情抢夺时间？试着暂时减少承诺或将其委派他人，你是会因此受到影响，还是会享受额外的时间？通常我们并没有自己认为的那样不可或缺。

6．说“不”

每当你对不重要的事情说“是”时，就会对重要的事情说“不”。因此，对什么事情说“是”，要非常谨慎。用德里克·西弗斯（Derek Sivers）的话说，要么是“糟糕的是”，要么是“不”。学会礼貌地拒绝，并迅速回到重要的事情上来，且无须为此感到抱歉；相反，要为你珍惜时间的能力感到自豪。

快速小结

● 我们并非被赋予了短暂的生命，而是我们将它变得短暂。我们并非被吝啬以待，而是我们挥霍太多……如果你懂得运用得当，生命足够漫长。

● 时间比金钱更具有价值。你总有机会可以获得更多的金钱，但你永远无法获得更多的时间。

● 要成为一个高度自律的人，你需要珍惜时间。

● 成为一个本质主义者，与其试图在更短时间内做更多的事情，不如专注于只做正确的事情。

行动步骤

将时间留给必要的事情：

√ 关掉电视。

√ 限制使用互联网的时间。

√ 重新整理手机。

√ 减少电子邮件。

√ 简化承诺。

√ 说“不”。

策略 12：塑造你所处的环境

我们经常认为，之所以做我们所做的事情，是因为我们是谁，但实际上，我们所做的很多事情皆因为我们的处境。

埃里克·约翰逊（Eric Johnson）和丹尼尔·戈尔茨坦（Daniel Goldstein）的一项很有趣的研究完美地说明了这一点，他们调查了人们对以下这个问题的回答：

“你愿意成为一名器官捐赠者吗？”

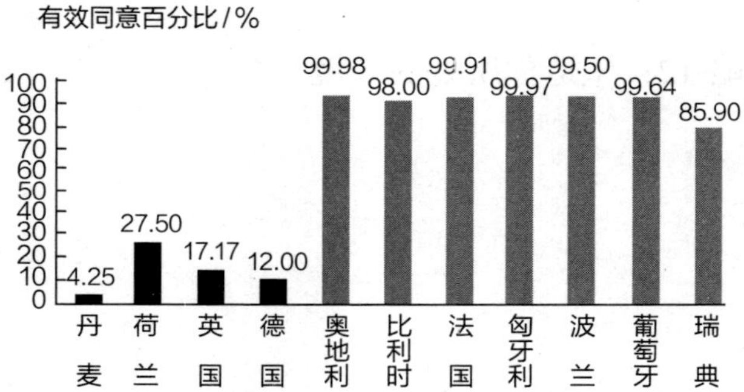

图 3-6　部分欧洲国家愿意在死后捐赠器官者的百分比

注：有效同意率（按国家划分）。深色表示明确同意（可选项为同意捐赠），浅色表示推定同意（可选项为不愿捐赠）。

图 3-6 显示了部分欧洲国家愿意在死后捐赠器官者的百分比。

如你所见，图 3-6 中排在左面的国家和右面的国家之间存在着巨大差异，为什么会这样呢？

乍一看，你可能认为是文化或宗教等重大原因导致了这样的结果，但仔细一看，这并不成立。

丹麦和瑞典、荷兰和比利时、奥地利和德国——这些国家都有着相似的文化和宗教信仰。尽管如此，这些国家各自愿意捐赠器官者的百分比却有很大的不同。那么，其中究竟发生了什么？

默认效应

其实很简单。各国之间存在的巨大差异，与每个国家器官捐赠意向调查表的设计有关。

在调查表设计可选项为“同意捐赠”（如果你同意捐赠器官，请勾选此框）的国家，人们往往不会勾选此方框。

而在调查表设计可选项为“不愿捐赠”（如果你不愿捐赠器官，请勾选此框）的国家，人们往往也不会勾选此方框。

无论人们看到的是哪种形式的表格，绝大多数人都会选择保留其默认选项。

在心理学中，这种倾向被称为“默认效应”，它一直发生在我们的日常生活中。

你的默认选项是什么？

我们很少留意到默认选项，但日常围绕我们的默认选项，对我们的行为有着巨大的影响：

- 如果桌上摆放着零食，我们就可能吃掉它们。
- 如果客厅的桌上放着遥控器，我们就可能打开电视。

● 如果睡觉时将手机放在床边，我们早上第一件事就可能是拿起手机。

在很多方面，我们塑造了自己的环境，环境反过来又塑造了我们。

因此，考虑到这一点，你的默认设计是怎样的？

它是否支持你的基本能力？它是否帮助你强化你的能力圈？它是否与你的动因和你想要成为的人相一致？

习惯的激活能量

在任何特定的时刻，默认效应要么为你服务，要么对你不利。因此，你需要做的是塑造所处的环境，使其支持你想要的行为，并阻止不想要的行为。

考虑这一问题的一种有用的方法，是心理学教授米哈里·契克森米哈赖（Mihaly Csikszentmihalyi）所称的习惯的激活能量。

其基本原理是：一种行为越难做到，它需要的激活能量越多，你就越不可能去做。

契克森米哈赖在《寻找能量流动》一书中解释道："如果某个人对克服最初的障碍感觉过于费力、焦虑或缺乏自律，他或她将不得不接受一些虽不那么令人愉快但更容易获得的事物。"因此，要改变习惯，你需要做的是：

● 降低你想要的行为的激活能量（换言之，让它们尽可能容易做到）。

● 增加你不想要的行为的激活能量（换言之，让它们尽可能难以做到）。

以下是一些示例：

- 如果你想睡得更好，就关掉卧室里的所有屏幕，并在床边放上一本书。
- 如果你想吃得少一点，就收起那些大盘子，并用小一点儿的沙拉盘替代它们的位置。
- 如果你想学习更多，就用教育应用程序替代手机上的娱乐和游戏程序。

塑造你所处的环境，以改变结果

行为学家布莱恩·杰弗里·福格（B. J. Fogg）认为：“只有一种方式能彻底改变你的行为——彻底改变你所处的环境。”

如果能让你想要的行为很容易做到，而不想要的行为很难做到，你就不必担心自律的问题，只需简单地转向默认正确的行为即可。

当然，知易行难。你可能像我一样，时不时会发觉自己又回到了无益的行为。例如，我的电子邮件应用程序会时不时神秘地被重新安装到手机上。

但如果你留意自己的默认设计，并在每一次后退时不断调整，你就能够逐渐更好地塑造所处的环境，并改变自己的行为。

快速小结

- 我们所做的很多事情并非因为我们是谁，而是因为我们的处境。
- 当我们看到几个选项时，往往会选择默认选项。
- 你可以通过改变习惯的激活能量来改变自己的习惯——让自己想要的行为容易做到，而不想要的行为难以做到。

行动步骤

塑造你所处的环境，使其与你想要的行为匹配：

√　降低你想要的行为的激活能量，让你的基本习惯尽可能容易做到。

√　增加你不想要的行为的激活能量，让竞争行为尽可能难以做到。

策略 13：让自己身边有合适的人

想象一下，在一个小房间里，你和其他七人同坐在一张桌子旁。你们即将参加一个有关视觉判断的心理学实验。

实验者在你们面前摆放两张卡片，左边的卡片上有一条垂直的线条，右边的卡片上有三条长短不一的线条。

现在小组中每次有一个人，被要求在右边卡片的三条线中，选出与左边卡片的垂直线条长度最接近的那一条。这项任务用不同的卡片重复进行了几次。

刚开始，一切进行得都很顺利。你可以迅速确定其中的哪条线最匹配，其他参与者也是如此。

但突然之间，在轮到你之前，整个小组一致选择了明显错误的那条线。

这时实验者转向你，你会怎么说?

一致性原理

就如同在心理学实验中经常发生的情况，实验者在这里对你玩了个小把戏。

事实上，你是唯一参与实验的人。同桌其他人都是事先安排好的，他们被指示同时对一些卡片给出错误的答案。

这个实验测试的不是你的视觉判断力，而是你与小组其他成员的一致程度。

这项巧妙的研究是心理学中最著名的研究之一，最初是由心理学家所罗门·阿什（Solomon Asch）进行的，而结果是显著的。

平均而言，处于这种情况的参与者，约有 33% 的人与明显不正确的大多数人相一致。在 12 次实验中，约有 75% 的人至少有一次与不正确的大多数人相一致。

我们怎样适应他人

人类是社会性生物，我们对归属感的需求非常强烈。显然，它强烈到我们宁愿给出一个明显错误的答案，只要这能让我们感觉到自己是群体的一部分。而这种适应周围人的倾向，对我们的生活产生了严重的实际影响。例如，一项研究表明，如果你的朋友变得肥胖，你的肥胖风险就会增加57%。

社会学家很清楚我们对彼此的影响有多大。他们知道，人类有一种强烈的倾向，即采取与周围人相一致的目标，甚至是相同的感情。无论我们是否意识到，我们周围的人决定了什么都是正常的。他们为我们应如何思考、感受和行动设定了标准。如果你和那些悲观、懒散的人在一起，你可能会情绪消极，并像他们一样表现不佳；但如果你周围都是热情、勤奋的人，这些就会是你所具有的特质。

行为具有传染性

几年前，当我刚开始写作时，我几乎总是在灵感出现时才开始工作。我很少发表文章，而且很少有人会读我的文章。但是后来，我开始与其他作家建立联系。很快，我就采用了他们的习惯，开始每天写作。结果我每周都会发表新的文章，我的读者数量也开始增加。

现在我身边都是高产和成功的作家，我写的东西也比以往更多，有了成千上万的读者，并已出版了两本书。

而令人着迷的是，我几乎没有留意到这一点。我周围的人建立了一种新的标准——一种让我思考、感受和行动的新的“正常”方式，在我并未有意识地选择这样做的情况下，我就顺应了这种方式。

这就是你的社交圈的力量，这就是为什么你要非常谨慎地选择让什么人进入你的圈子的原因。你周围的人会不可避免地用他们的信念、情绪和目标“感染”你，你虽然无法让自己免疫，但你可以选择让谁来“感染”你。

快速小结

● 人类是社会性生物，具有强烈的相互一致的倾向。

● 我们会采纳周围人的目标、信念、感受和态度。

● 你的社交圈决定了什么对你来说是正常的。

● 你无法使自己免于一致性，但你可以选择和谁保持一致。

行动步骤

塑造你的社交圈：

√ 写下至少三个你愿与他们保持一致的人的名字。如果你想不出来，请列出你可以联系到这些人的地方、活动或网络社区。

√ 至少建立以下关系中的一种：

● 责任伙伴关系。定期与某个人联系，讨论你正在追求的具体目标，互相对对方每天或每周的行动负责。

- 教练关系。聘请一位私人教练帮助你提高标准并承担责任。你可以在此找到一份优秀教练的名单。

- 同谋小组。组建一个由有类似目标的 3~5 人组成的小组。每周线下或线上开会 1 小时，互相给予反馈和鼓励。

- 导师关系。找到在你希望追求的道路上走得更远的某个人，让他来指导你。

策略 14：突破困境

杰克·尼克劳斯（Jack Nicklaus）被广泛认为是有史以来最出色的高尔夫运动员之一。

在其职业生涯中，他赢得 18 次大满贯冠军，同时在 25 年内获得 19 次亚军和 9 次季军。

体育记者乔·波斯南斯基（Joe Posnanski）在《高尔夫的秘密》一书中讲述了尼克劳斯对一名出色的高尔夫球员的看法："我一直觉得，一个球员的魅力不在于顺境时他打得有多好，而在于困境时他的得分和发挥有多好。”

无论你想要实现什么目标，这都是一个需牢记的关键。让我来解释一下原因。

困境时的关键技巧

我们都知道，当我们感觉有灵感、一切顺利，并正在取得重大进展时，为实现目标而努力是什么感觉。这些时刻永远不会成为问题。当事情进展顺利时，任何人都能够采取行动。

成功人士的与众不同之处，在于他们在任何时候都有能力把事情做好。即使在他们没有灵感、一切都对他们不利、不断陷入困境时，他们也会现身并完成工作。

换句话说，他们懂得如何突破困境。这使他们在生活中具有巨大的优势，因为这能够让他们保持动力。

动力的力量

我们倾向于采用单一模式思考自己的习惯：“如果我今天不去健身房，对我的长期结果不会有太大影响。”尽管这是真的，但这并没有考虑动力的重要性。

如果你跳过一天，就干脆跳过两天。如果休息一天不影响结果，那么休息两天也不会。一旦你跳过两天，就干脆跳过一周剩下的时间。它仍旧不会对最终结果产生太大影响。另外，你将在下周一有一个新的开始，对吗？

事实并非如此。因为一旦动力消失，要回到你常规的工作日程就会更困难。可能需要几周、几个月，甚至几年，你才能重新开始。

这就是为什么任何特定的一天，你的结果并不那么重要，重要的是保持动力。

一直让“大摩”开心

达伦·哈迪（Darren Hardy）在《复合效应》一书中称动力为他的朋友“大摩”。哈迪在他的 Facebook 页面这样介绍大摩：

> 你看不到或感觉不到“大摩”，但你知道你什么时候得到了他。你不能指望“大摩”出现在每一个场合，但当他出现时——哇噻！“大摩”可以将你推向成功的巅峰！而一旦你有了“大摩”在身边，别人都无法赶上你！

根据我的经验，只要有几次失误，就能吓跑这位珍贵的朋友。如果你错过一天，“大摩”就会变得很烦躁；

如果你错过两天，他就会收拾行李；如果你错过三天，他就会离开，并且很长时间都不会再回来。

“大摩”会帮助你取得比你能想到的更多的成就。因此，你要对他好一点，要努力让他在任何时候都开心。那么怎样做到呢？

在紧急情况下拿出“番茄罐头”

还记得策略6中的“番茄罐头”吗？你懂的，就是那些非常容易做到、你几乎可以保证会成功的每天最低目标。是的，“大摩”非常喜欢它们。所以，每当你觉得自己不在状态时，就回到你的“番茄罐头”。忘记长期结果，转而专注于保持你的动力。

这样做有两个显著的好处。首先，它能让“大摩”开心。你能确保不必因为缺乏动力而重新开始。其次，它减少了压力。一旦你赢了一个"番茄罐头"，就会发现自己想要继续前进。万事开头难，因此通过达成一个容易的目标，你可以"骗"自己付出更大的努力。

这就是你变不利为有利、突破困境的办法。

快速小结

- 无论你想要实现什么目标，都需要突破困境。
- 成功人士的与众不同之处，在于即使他们没有灵感、一切都对他们不利、不断陷入困境，他们也有能力现身并完成工作。
- 在任何特定的一天，你的结果并不那么重要，重要的是保持动力，在任何时候都让"大摩"开心！

行动步骤

回到你的“番茄罐头”：

√ 通过恢复你每天的最低目标来保持动力，这些目标非常容易做到，你几乎可以保证会成功。如果愿意，你可以在日历的链条上用字母 T 来标记这些“番茄罐头”。

策略 15：善待自己

本书已经涵盖了很多策略，但正如我之前提到的，发现它们有多强大的唯一方法，是在你的生活中实施它们。当你这样做时，你会时不时陷入困境。无论你的基础习惯有多扎实，也无论你使用了多少策略，都不可避免地会有挫折、挑战和损失，而处理它们的方式对你的成功至关重要。

苛责自己无济于事

“你太懒了。你永远都做不到。你真是个失败者。”

我们通常不会对别人这么说，但这样评判自己却没有问题。

当激励他人时，我们明白严厉的批评是没有用的。但当激励自己时，我们的态度就不同了。出于某种原因，我们认为需要对自己严格要求才能实现目标。而这是一个大问题，不仅因为严厉的自我批评让我们感觉糟糕，还因为它让我们实现目标的能力大大降低。

因此，与其成为自己最大的敌人，不如成为自己最好的朋友。不要再贬低自己，开始振作起来。与其自我批评，不如自我同情。

自我同情原理

自我同情的研究领域对于西方心理学来说相对较新，但这个概念在佛教思想中已经存在很长时间了。

克里斯汀·内夫（Kristin Neff）博士是这一研究领域的先驱。在《自我同情》一书中，她将这一术语定义为“在感知到不足、失败或普遍痛苦的情况下，将同情延伸到自身”：

> 自我同情意味着当你面对个人失败时，不是无情地评判和批评自己的各种不足或缺陷，而是善待和理解自己，毕竟，谁说过你应该是完美的？

根据内夫的定义，自我同情包括三个要素：

● 正念。在正念中保持自己的痛苦想法和感受，而不是回避它们或过度认同它们。

- 普遍的人性。将个人易犯的错误视为更广泛的人类状况的一部分，而不只是个人的缺点。
- 善待自己。善待和理解自己，而不是自我批判。

研究人员发现，以同情的态度对待自己会带来很多好处，包括以下几点：

- 减少焦虑和抑郁。自我同情的一个关键特征是缺乏自我批判，而自我批判是焦虑和抑郁的一个重要预测因素。
- 提高效率。比如，学生中高水平的自我同情与较少拖延和完成作业的更大动力有关。
- 更大的创造力。自我评判的人在自我同情练习后表现出更大的“创造性的原创性”。
- 更好的自我监管。那些自我同情而不是自我谴责的吸烟者，能够更好地减少吸烟量。

- 改善人际关系。与缺乏自我同情的人相比，具有自我同情的人被其伴侣描述为更具情感的联系性和接受性，更少表现出疏离、控制和攻击性。

因此，许多人认为，自我批评不会产生自律。如果你想感觉良好并表现出最佳状态，你就需要自我同情。

如何培养自我同情

每当你感到有自我批评的冲动时，请记住，在你认为表现不佳的基础上加上羞耻和内疚，只会使你更难以振作起来。对自己苛刻既不健康也没有成效。

因此，不如练习自我同情。内夫建议你使用一个口头禅，引导你完成自我同情三要素（正念、普遍的人性和善待自己）。把你的手放在心脏的位置上，感受手在胸前的温柔触摸和手心里的温暖，然后对自己说：

1. 这是一个痛苦的时刻

这就是正念的要素。其他的替代方法包括：

- 这很痛苦。
- 好痛。
- 这很难。

2. 苦难是生活的一部分

这就是普遍的人性要素。其他的替代方法包括：

- 别人也会有这样的感觉。
- 不是我一个人这样。
- 有时候每个人都会有这种感觉。

3. 愿我对自己好一点

这就是善待自己的要素。其他的替代方法包括：

- 愿我能提供自己所需的支持。
- 愿我接受自己现在的样子。
- 愿我能为此原谅自己。

这些句子只是建议。以它们为灵感，用你自己的话创造一个口头禅。重要的是，你要找到一个包括自我同情三要素的句子，并且适合你。

快速小结

- 你不可避免地会有挫折、挑战和损失。当它们发生时，你如何应对对自己的成功至关重要。
- 自我批评会令你沮丧。它会让你感觉糟糕，并降低实现目标的能力。
- 自我同情会让你振作起来。它会让你感觉良好，并提高实现目标的能力。

● 自我同情包括三个要素：正念、普遍的人性和善待自己。

行动步骤

练习自我同情：

√ 创造一个自我同情的口头禅，包括正念、普遍的人性和善待自己。

√ 每当遭遇挫折时，把手放在心脏的位置上，感受手在胸前的温柔触摸和手心里的温暖，并对自己重复这句口头禅。

CHAPTER
4

关于培养自律的终极思考

我们在一起分享的旅程即将结束。当你合上这本书，将你的习惯和策略在现实中付诸实施之前，我想最后和你分享一点想法。

1995 年，皮克斯动画工作室发行了其第一部电脑动画长片《玩具总动员》。自那以后，该工作室又制作了 16 部电影，包括《虫虫危机》《怪物公司》《海底总动员》《超人总动员》《汽车总动员》《美食总动员》《机器人总动员》等。这一系列大片为皮克斯赢得了 16 项奥斯卡奖、7 项金球奖、11 项格莱美奖，以及一系列其他奖项和认可。

彼得·西姆斯（Peter Sims）在《小赌怡情》一书中解释说："我们可以从皮克斯创作卓越的电影的过程中学习到很多。"

从差到好

我们想当然地认为，像皮克斯这样出色的公司总是确切地知道下一步要做什么，猜测其工作流程会是这样的：

- 他们的一位天才员工想出一个绝妙的主意。
- 这位天才员工向其他才华横溢的团队成员解释这个绝妙的主意。
- 才华横溢的团队完美地执行，将这位天才员工的绝妙主意变成一部令人惊叹的大片。

但事实上，其工作流程根本不是这样的。皮克斯的每一部电影在最终完成之前，都会经历一个不断迭代更新的过程。

当然，一个最初的想法会让项目进展起来，但在电影上映之前，会被更改很多次。事实上，皮克斯假定其电影的第一个版本会很糟糕。

因此，皮克斯愿意调整电影中的一切，直到它们不再糟糕为止。整个过程就是要从差到好。

堆积如山的故事板

皮克斯在创作每一部电影时，都会使用数以千计的故事板，这些是电影的手绘漫画版本，其中包含对角色的设定和对角色在每个场景中动作的想法。

参与项目的工作人员会提出大量这样的想法，其中的大部分都不会被用于最终产品中。而且，随着他们推出一部部大获成功的电影，他们为每部电影使用的故事板的数量都在增加。到目前为止，他们已经创建了：

《虫虫危机》的 27565 个故事板；

《海底总动员》的 43536 个故事板；

《美食总动员》的 69562 个故事板；

《机器人总动员》的 98173 个故事板。

显然，皮克斯并未打算放慢其迭代更新的速度。这里我的观点是：你大可不必。

良好的计划是如何落空的

我们都想当然地认为，我们意图在生活中达成的改变会完全按照自己想象的方式进行。如果我们设想出一个足够坚实的计划，就能够贯彻执行而不出现重大的问题。

这在一两个星期内或许做得到，但到后来我们就会发现，计划中有一两个或上百个漏洞。可能我们会注意到，在下班后我们没有足够的精力总是出现在健身房里，或我们计划要读的书很无聊，或我们没有足够时间准备一直计划的健康食品。于是，我们丧失了动力（再见，“大摩”），良好的计划落空了，我们最终放弃，并感到无助和沮丧。

一直在创建故事板

如果你体会过这种令人沮丧的恶性循环，问题并不在于自身的懒惰或自律的缺乏，而在于你过于依赖自己计划的最初版本。

你对将会出现在自己道路上的障碍估计不足。结果，一旦遇到了挫折，你就会将其视为一次失败，并为此感到气馁。

这就是为什么皮克斯的方法会如此强大，与其将你最初的计划当作最终策略，不如将其视为初稿，你会认为它可能存在很多漏洞，事实上，你的计划可能会很糟糕。

这样的方式使你能够面对挫折而不气馁。你明白自己的计划只是一项正在进行的工作，因此每当遇到障碍时，你只需创建一个新的故事板，且每创建一个这样的故事板，你就距离成功又近了一步。

这是一个强大的“大脑文身”：没有失败，只有反馈。

你虽失败过很多次，但并不意味着你是一个失败者，只是意味着你已经创建了很多的故事板。

这实际上是一件好事，因为这意味着你对过去未能成功的尝试有很多的真知灼见。现在，你要做的就是创建一个新的故事板，再来一次。如果不成功，你就创建另一个新的故事板，再来一次，再来一次，再来一次……

通过回顾和调整本书中的习惯和策略，不断完善你的计划，直到其对你行之有效。失败的唯一途径就是放弃。因此，拒绝放弃。

建立你的故事板之山

皮克斯愿意为创作《机器人总动员》而制作 98173 个故事板，并且他将继续为其未来的电影制作更多的故事板，皮克斯不会将时间浪费在担忧和挫折上，你也不必如此。

问题不在于你是否具备成功所需要的一切条件，而在于：你愿意创建多少个故事板?

只要不放弃，你就会获得成功。你的下一个故事板会是什么样子?